简化设计

Illustrator
实用技术与商业实战
108例

刘智杨 编著

清华大学出版社
北京

内 容 简 介

本书介绍了 Illustrator 软件的应用技法，通过 108 个实操案例，配合教学视频，帮助读者轻松学会 Illustrator 的操作方法。全书共分 10 章，内容包括 Illustrator 基础技巧、图形绘制、锚点和路径的运用、色彩与渐变效果的处理、文字的设计、变换对象、封套与网格的妙用、效果制作，以及版式和海报的设计技巧。

本书可作为高等院校设计专业的教材，也可作为平面设计师、设计爱好者的参考手册，还可供对版式设计感兴趣的零基础读者阅读。

图书在版编目(CIP)数据

简化设计：Illustrator 实用技术与商业实战 108 例 / 刘智杨编著 . —北京：清华大学出版社，2023.6
ISBN 978-7-302-63467-6

Ⅰ.①简…　Ⅱ.①刘…　Ⅲ.①图形软件　Ⅳ.①TP391.412

中国国家版本馆 CIP 数据核字 (2023) 第 076297 号

责任编辑：李　磊
封面设计：钟　梅
版式设计：孔祥峰
责任校对：成凤进
责任印制：宋　林

出版发行：清华大学出版社
　　　网　　　址：http://www.tup.com.cn，http://www.wqbook.com
　　　地　　　址：北京清华大学学研大厦A座　　　　邮　　编：100084
　　　社　总　机：010-83470000　　　　　　　　　邮　　购：010-62786544
　　　投稿与读者服务：010-62776969，c-service@tup.tsinghua.edu.cn
　　　质　量　反　馈：010-62772015，zhiliang@tup.tsinghua.edu.cn
印　装　者：三河市人民印务有限公司
经　　　销：全国新华书店
开　　　本：185mm×260mm　　　印　　张：10.5　　　字　　数：331千字
版　　　次：2023年6月第1版　　　印　　次：2023年6月第1次印刷
定　　　价：69.80元

产品编号：096095-01

前　言

　　本书基于时下比较热门的 Illustrator 软件功能和使用者感兴趣的问题，用提出问题、解决问题的方式，总结了 108 个 Illustrator 实用技巧，讲解了在设计中各种精彩或复杂的效果是如何通过 Illustrator 软件中的工具巧妙、高效地制作出来的。书中包含 108 个案例，配合教学视频，帮助读者轻松学会 Illustrator 软件的常用、实用功能。

　　纵观教材市场，关于 Illustrator 的书籍多为大、厚、全的教程，这一类型的书虽然内容全面，但多为理论知识的讲解，或是软件工具的使用方法，枯燥的内容可能会让读者失去学习的兴趣。现在人们更倾向于高效、针对性强的学习方式，本书从读者的需求入手，精选 Illustrator 实际应用过程中最常遇到的效果制作案例，总结工具使用要领，以及实操中遇到的各类问题和解决方案，读者可以直接在书中查找自己想要的效果及实现方法，轻松高效地学习。

　　本书共分 10 章，内容包含：第 1 章，不可忽略的 Illustrator 基础技巧；第 2 章，快速绘制简单的图形；第 3 章，巧用锚点和路径；第 4 章，缤纷的色彩与渐变；第 5 章，常见的文字难题；第 6 章，灵活变换对象；第 7 章，封套与网格的妙用；第 8 章，神奇的效果；第 9 章，升级版式小妙招；第 10 章，海报设计技巧。

　　本书附赠丰富的配套资源，帮助读者更加直观地学习 Illustrator 的相关知识。读者可扫描下方二维码，获取 AI 实例文件、案例视频教程和 PPT 教学课件；也可直接扫描书中二维码，观看教学视频，随时随地学习和演练。

实例文件

视频教程

教学课件

编　者
2023.1

目　录

CHAPTER

9

升级版式小妙招

CHAPTER

10

海报设计技巧

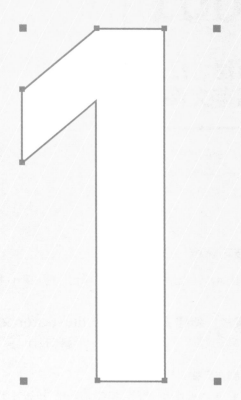

CHAPTER

不可忽略的
Illustrator
基础技巧

001

新建 / 打开 / 储存文件

在设计中，新建 /
打 开 / 存 储 Illustrator
文件，如图 1-1 所示。

新建(N)...	Ctrl+N
从模板新建(T)...	Shift+Ctrl+N
打开(O)...	Ctrl+O
最近打开的文件(F)	>
在 Bridge 中浏览...	Alt+Ctrl+O
关闭(C)	Ctrl+W
存储(S)	Ctrl+S
存储为(A)...	Shift+Ctrl+S
存储副本(Y)...	Alt+Ctrl+S
存储为模板...	
存储选中的切片...	
恢复(V)	F12

图 1-1

1. 技巧解析

按组合键 Ctrl+N 新建文件；按组合键 Ctrl+O 打开文件；按组合键 Ctrl+S 保存文件。

2. 实战：新建 / 打开 / 储存 Illustrator 文件

实例位置：实例文件 >CH01> 新建 / 打开 / 储存 Illustrator 文件 .ai

教学视频

制作步骤

①打开 Illustrator 软件，单击"新建"按钮或按组合键 Ctrl+N，打开"新建文档"对话框，如图 1-2 所示。
设置画布尺寸，单击"创建"按钮，可以新建一个文档。

新建(N)...	Ctrl+N
从模板新建(T)...	Shift+Ctrl+N
打开(O)...	Ctrl+O
最近打开的文件(F)	>
在 Bridge 中浏览...	Alt+Ctrl+O
关闭(C)	Ctrl+W
存储(S)	Ctrl+S
存储为(A)...	Shift+Ctrl+S
存储副本(Y)...	Alt+Ctrl+S
存储为模板...	

图 1-2

②按组合键 Ctrl+O，可以打开文件，如图 1-3 所示。
③按组合键 Ctrl+S，可以存储文件，如图 1-4 所示。

新建(N)...	Ctrl+N
从模板新建(T)...	Shift+Ctrl+N
打开(O)...	Ctrl+O
最近打开的文件(F)	>
在 Bridge 中浏览...	Alt+Ctrl+O
关闭(C)	Ctrl+W
存储(S)	Ctrl+S
存储为(A)...	Shift+Ctrl+S
存储副本(Y)...	Alt+Ctrl+S
存储为模板...	
存储选中的切片...	

图 1-3

新建(N)...	Ctrl+N
从模板新建(T)...	Shift+Ctrl+N
打开(O)...	Ctrl+O
最近打开的文件(F)	>
在 Bridge 中浏览...	Alt+Ctrl+O
关闭(C)	Ctrl+W
存储(S)	Ctrl+S
存储为(A)...	Shift+Ctrl+S
存储副本(Y)...	Alt+Ctrl+S
存储为模板...	
存储选中的切片...	

图 1-4

002

自由编辑画板

在设计中，自由编辑画板，如图 2-1 所示。

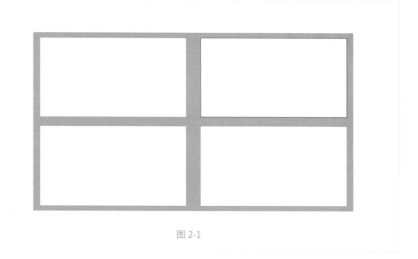

图 2-1

1. 技巧解析

选择"画板工具"或者按组合键 Shift+O，可以自由编辑画板。

2. 实战：自由编辑画板

实例位置：实例文件 >CH01> 自由编辑画板 .ai

教学视频

制作步骤

①　打开 Illustrator 软件，单击"新建"按钮，打开"新建文档"对话框。设置画布尺寸，单击"创建"按钮，新建一个文档，如图 2-2 所示。

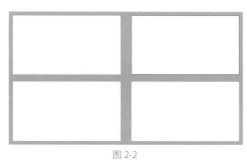

图 2-2

②　选择"画板工具" 或者按组合键 Shift+O，自由编辑画板的大小。按住 Alt 键拖曳，可以复制画板，如图 2-3 所示。

图 2-3

003

绘制简单的图形

在设计中，绘制简单的图形，如图3-1所示。

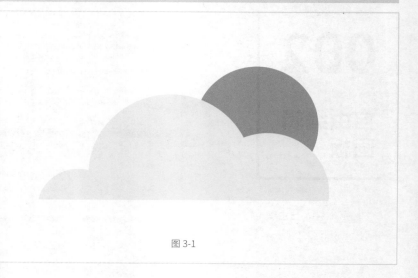

图 3-1

1. 技巧解析

使用"椭圆工具"和"路径查找器"，在画板中绘制简单的图形。

2. 实战：绘制简单的图形

实例位置：实例文件 >CH01> 绘制简单的图形 .ai

教学视频

制作步骤

① 打开 Illustrator 软件，单击"新建"按钮，打开"新建文档"对话框。设置画布尺寸，单击"创建"按钮，新建一个文档。使用"椭圆工具"，按住 Shift 键，绘制一个圆形，样式设置为无描边、浅蓝色，如图3-2 所示。

图 3-2

② 切换到"选择工具"，按住 Alt 键，拖曳复制两个圆形，并调整大小和位置；全选 3 个圆形，在"路径查找器"面板中单击"联集"按钮，合并图形；用"矩形工具"绘制一个矩形，全选图形，在"路径查找器"面板中单击"减去顶层"按钮。绘制完成的图形，如图3-3 所示。

③ 再用"椭圆工具"绘制一个圆形，改变颜色，在圆形上单击鼠标右键，执行"排列 > 置于底层"命令，将圆形置于底层，如图3-4 所示。

图 3-3

图 3-4

004

快速复制多个对象

在设计中，快速复制多个对象，如图 4-1 所示。

图 4-1

1. 技巧解析

选择图形，按住 Alt 键复制一个；选择图形，按组合键 Ctrl+D，复制多个相同的图形。

2. 实战：快速复制多个对象

实例位置：实例文件 >CH01> 快速复制多个对象 .ai

教学视频

制作步骤

① 打开 Illustrator 软件，单击"新建"按钮，打开"新建文档"对话框。设置画布尺寸，单击"创建"按钮，新建一个文档。使用"矩形工具"绘制一个矩形，如图 4-2 所示。

② 选择图形，按住 Alt 键，复制一个相同的矩形，如图 4-3 所示。

图 4-2

图 4-3

③ 选择图形，按组合键 Ctrl+D，复制多个矩形，如图 4-4 所示。

图 4-4

005

将图形的角改为圆角

在设计中,将图形的角改为圆角,如图 5-1 所示。

图 5-1

1. 技巧解析

拖曳图形内的小圆圈,可以将图形的角改为圆角。

2. 实战:将图形的角改为圆角

实例位置:实例文件 >CH01> 将图形的角改为圆角 .ai

教学视频

制作步骤

① 打开 Illustrator 软件,单击"新建"按钮,打开"新建文档"对话框。设置画布尺寸,单击"创建"按钮,新建一个文档。使用"矩形工具"绘制一个矩形,如图 5-2 所示。

② 使用"选择工具"选择矩形,拖曳矩形 4 个角的小圆圈,可将 4 个角变为圆角,如图 5-3 所示。

图 5-2

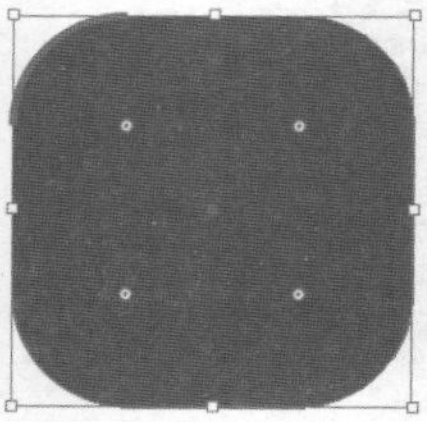

图 5-3

③ 选择一个角,使用"直接选择工具"拖曳,可将这个角复原,如图 5-4 所示。

图 5-4

小提示

变为圆角后的矩形,会由一个角点变为两个角点。因此,使用"直接选择工具"时,需要选择两个角点后进行拖曳,如图 5-5 所示。

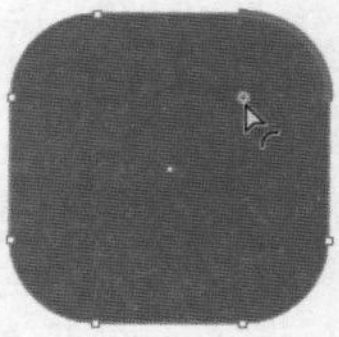

图 5-5

006

选择相同外观的对象

在设计中，选择相同外观的对象，如图 6-1 所示。

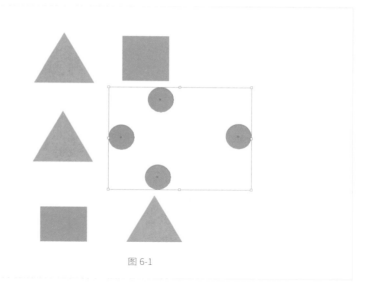

图 6-1

1. 技巧解析

执行"选择">"相同">"外观"命令，选择想要的相同外观的对象。

2. 实战：选择相同外观的对象

实例位置：实例文件 >CH01> 选择相同外观的对象 .ai

教学视频

制作步骤

① 打开 Illustrator 软件，单击"新建"按钮，打开"新建文档"对话框。设置画布尺寸，单击"创建"按钮，新建一个文档。使用"椭圆工具""矩形工具""多边形工具"绘制若干矩形、圆形、三角形，如图 6-2 所示。

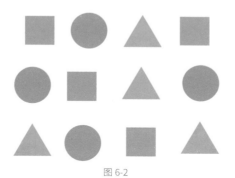

图 6-2

小提示

选用"多边形工具"拖曳绘制多边形时，按住鼠标左键不要放开，另一只手按键盘中的"↑""↓"键来调整边数。按"↑"键为增加边数，按"↓"键为减少边数。本例中的三角形，则需按"↓"键，三角形为最少边数的多边形。

② 选择一个圆形，执行"选择">"相同">"外观"命令，如图 6-3 所示。

③ 此时，可以选中全部的圆形，如图 6-4 所示。

相同(M)	>	外观(A)
对象(O)	>	外观属性(B)
对象(O)		混合模式(B)
启动全局编辑		填色和描边(R)
存储所选对象(S)...		填充颜色(F)
编辑所选对象(E)...		不透明度(O)

图 6-3

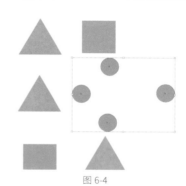

图 6-4

007

快速制作三等分大小的图形

在设计中，快速制作三等分大小的图形，如图 7-1 所示。

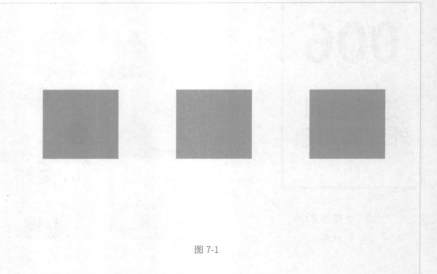

图 7-1

1. 技巧解析

选择图形，执行"对象">"路径">"分割为网格"命令，设置行数为 1，列数为 3。

2. 实战：快速制作三等分大小的图形

实例位置：实例文件 >CH01 > 快速制作三等分大小的图形 .ai

教学视频

制作步骤

①打开 Illustrator 软件，单击"新建"按钮，打开"新建文档"对话框。设置画布尺寸，单击"创建"按钮，新建一个文档。用"矩形工具"绘制一个矩形，填充颜色，如图 7-2 所示。

图 7-2

②选择矩形，执行"对象">"路径">"分割为网格"命令，在弹出的"分割为网格"对话框中，调整行数为 1，列数为 3，如图 7-3 所示。

③设置后的图形效果，如图 7-4 所示。

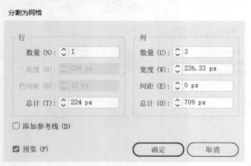

图 7-3

图 7-4

008

更改参考线方向

在设计中，更改参考线方向，如图 8-1 所示。

图 8-1

1. 技巧解析

按住 Alt 键，拖曳参考线，可改变参考线的方向。

2. 实战：更改参考线方向

实例位置：实例文件 >CH01> 更改参考线方向 .ai

教学视频

制作步骤

1️⃣ 打开 Illustrator 软件，单击"新建"按钮，打开"新建文档"对话框。设置画布尺寸，单击"创建"按钮，新建一个文档，如图 8-2 所示。

2️⃣ 将参考线拖入画板内，如图 8-3 所示。

图 8-2

图 8-3

3️⃣ 按住 Alt 键，拖曳参考线，即可改变参考线方向，最终效果如图 8-4 所示。

图 8-4

009

将所有元素与指定元素对齐

在设计中,将所有元素与指定元素对齐,如图 9-1 所示。

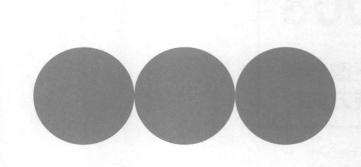

图 9-1

1. 技巧解析

全选需要对齐的元素,再次单击指定要对齐的元素,在"对齐"面板中选择"垂直顶对齐"。

2. 实战:将所有元素与指定元素对齐

实例位置:实例文件 >CH01> 将所有元素与指定元素对齐 .ai

教学视频

制作步骤

① 打开 Illustrator 软件,单击"新建"按钮;打开"新建文档"对话框。设置画布尺寸,单击"创建"按钮,新建一个文档。使用"椭圆工具",按住 Shift 键,绘制一个圆形,如图 9-2 所示。

② 选择圆形,按住 Alt 键,复制多个图形,如图 9-3 所示。

图 9-2   图 9-3

③ 全选所有圆形,再次单击指定要对齐的圆形,在"对齐"面板中,单击"垂直顶对齐"按钮,最终效果如图 9-4 所示。

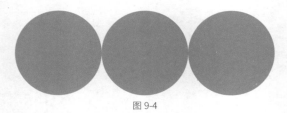

图 9-4

010

均匀排列
所有元素

在设计中，均匀排列所有元素，如图10-1所示。

图 10-1

1. 技巧解析

全选需要均匀排列的元素，在"对齐"面板中选择"水平分布间距"。

2. 实战：均匀排列所有元素

实例位置：实例文件 >CH01> 均匀排列所有元素 .ai

教学视频

制作步骤

① 打开 Illustrator 软件，单击"新建"按钮，打开"新建文档"对话框。设置画布尺寸，单击"创建"按钮，新建一个文档。使用"多边形工具"，绘制一个三角形，如图 10-2 所示。

② 选择三角形，并按住 Alt 键，复制多个三角形，如图 10-3 所示。

图 10-2

图 10-3

③ 全选所有三角形，在"对齐"面板中，单击"垂直居中对齐""水平分布间距"按钮，最终效果如图 10-4 所示。

图 10-4

CHAPTER

2

快速绘制
简单的图形

011

绘制蚊香图案

在设计中，蚊香形的图案常用作背景装饰。下面让我们一起来学习蚊香图案的绘制方法吧，如图 11-1 所示。

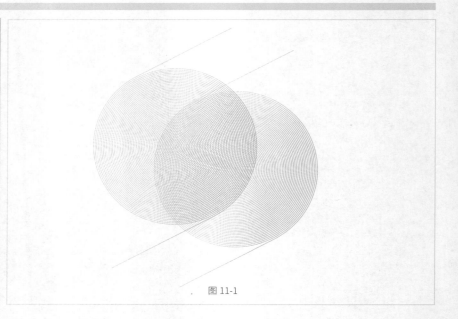

图 11-1

1. 技巧解析

制作蚊香图案效果，主要应用"极坐标网格工具"，该工具在"直线段工具"工具组中，如图 11-2 所示。

这个工具的使用方法也很简单，先创建一个极坐标，按住鼠标左键不放，键盘的方向键可以调整极坐标的圈数和分段数。按"↑""↓"键调整同心圆的圈数，如图 11-3 所示；按"←""→"键调整分段数，如图 11-4 所示；也可以同时调整，如图 11-5 所示。

图 11-2

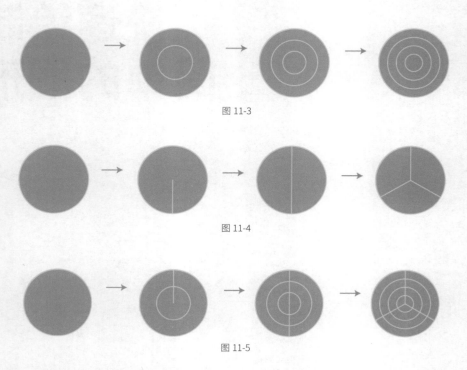

图 11-3

图 11-4

图 11-5

2. 实战：绘制蚊香图案

实例位置：实例文件 >CH02> 绘制蚊香图案 .ai

教学视频

制作步骤

① 打开 Illustrator 软件，单击"新建"按钮，打开"新建文档"对话框。设置画布尺寸，单击"创建"按钮，新建一个文档。使用"极坐标网络工具"在画板中单击，在弹出的"极坐标网格工具选项"对话框中，设置参数，如图 11-6 所示。设置完成，单击"确认"按钮，极坐标的效果如图 11-7 所示。

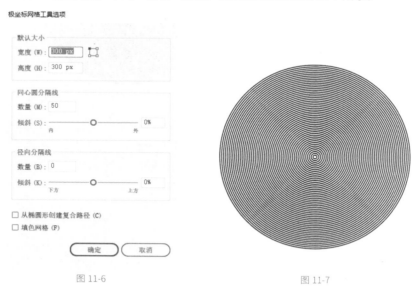

图 11-6　　　　　　　　　　　　　　　　　　图 11-7

② 开启"描边"功能，更改描边宽度，将颜色修改为黑色，如图 11-8 所示。

③ 使用"直接选择工具"，框选图像的一半（上半部分竖向的锚点），按 Delete 键删除，完成后的效果如图 11-9 所示。

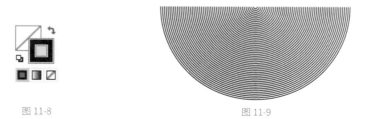

图 11-8　　　　　　　　　　　　　　　　　　图 11-9

④ 使用"选择工具"选择图形，单击鼠标右键，在弹出的菜单中，执行"变换 > 镜像"命令，如图 11-10 所示。

⑤ 在"镜像"对话框中，将"轴"设置为"水平"，单击"复制"按钮，如图 11-11 所示。

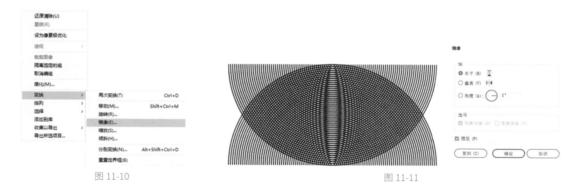

图 11-10　　　　　　　　　　　　　　图 11-11

⑥ 选择一组图形，移动并调整位置，使其与另一个图形错位连接，如图 11-12 所示。

⑦ 框选两组图形，按组合键 Ctrl+J 连接图形，如图 11-13 所示。

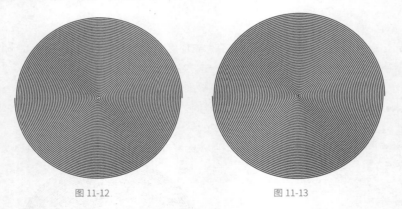

图 11-12   图 11-13

⑧ 使用"直接选择工具"，将图形中心角度调成圆角，如图 11-14 所示。

⑨ 使用"直线段工具"画两条直线，再次使用组合键 Ctrl+J 连接线段，如图 11-15 所示。

⑩ 使用"自由变换工具"，将图形旋转一定角度，如图 11-16 所示。

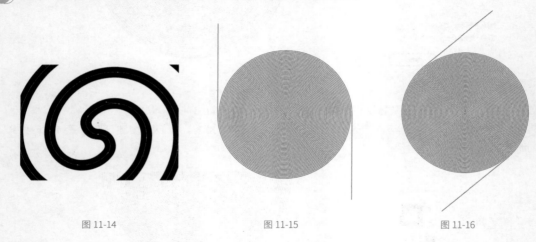

图 11-14   图 11-15   图 11-16

⑪ 为图案添加渐变色，调整角度，最终效果如图 11-17 所示。

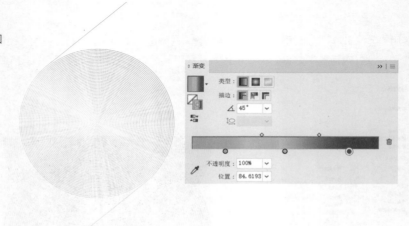

图 11-17

012

绘制形态各异的星形

在设计中，常会用形态各异的星形作为点缀，接下来让我们学习绘制星形的具体方法，如图 12-1 所示。

图 12-1

1. 技巧解析

使用"效果" > "扭曲和变换" > "收缩和膨胀"命令，可以对图形进行各种调整，如图 12-2 所示。

"收缩和膨胀"工具中包含"收缩"和"膨胀"两种属性，如图 12-3 所示。

图 12-2   图 12-3

2. 实战：绘制形态各异的星形

实例位置：实例文件 >CH02> 绘制形态各异的星形 .ai

教学视频

制作步骤

1 打开 Illustrator 软件，单击"新建"按钮，打开"新建文档"对话框。设置画布尺寸，单击"创建"按钮，新建一个文档。在画板中绘制圆形，并填充渐变色，如图 12-4 所示。

2 执行"效果" > "扭曲和变换" > "收缩和膨胀"命令，如图 12-5 所示。

3 复制并修改"收缩"和"膨胀"参数，制作出多种形态的星形，最终效果如图 12-6 所示。

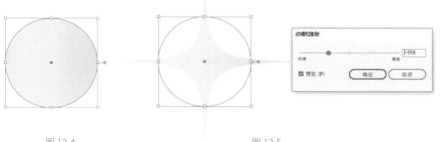

图 12-4   图 12-5   图 12-6

013

绘制 Wi-Fi 图标

我们在日常生活中经常会在饭店、咖啡店等公共场所看到 Wi-Fi 无线网络标志。下面我们来学习这个标志的绘制方法，如图 13-1 所示。

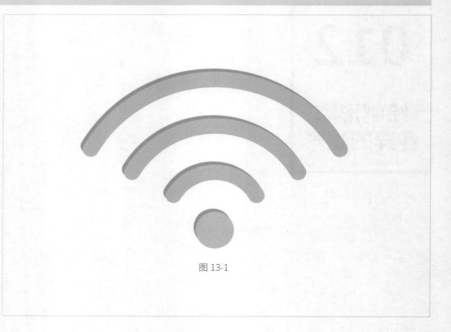

图 13-1

1. 技巧解析

制作 Wi-Fi 无线网络标志的效果，同样应用"极坐标网格工具"。

2. 实战：绘制 Wi-Fi 图标

实例位置：实例文件 >CH02> 绘制 Wi-Fi 图标 .ai

教学视频

制作步骤

① 打开 Illustrator 软件，单击"新建"按钮，打开"新建文档"对话框。设置画布尺寸，单击"创建"按钮，新建一个文档。使用"极坐标网络工具"在画板中单击，在弹出的"极坐标网格工具选项"对话框中设置参数，如图 13-2 所示。设置完成，单击"确定"按钮，极坐标的效果如图 13-3 所示。

图 13-2

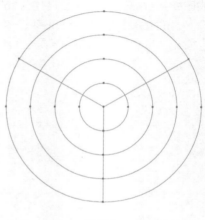

图 13-3

② 开启"描边"功能，更改描边宽度，将颜色修改为黄色，如图 13-4 所示。

③ 查看调整后的效果，如图 13-5 所示。

图 13-4　　　　　　　　　　图 13-5

④ 使用"形状生成工具"，按住 Alt 键，切掉不需要的线段，如图 13-6 所示。

⑤ 选择描边，将描边端点更改为圆头，如图 13-7 所示。

图 13-6　　　　　　　　　　图 13-7

⑥ 按住组合键 Shift+Alt，使用"椭圆工具"绘制正圆，关闭描边，填充颜色为黄色，如图 13-8 所示。

⑦ 全选画板上的图形，按组合键 Ctrl+C 复制，再按 Ctrl+F 键原地复制图层，将颜色调暗，并整体移动位置，制作出阴影效果，如图 13-9 所示。

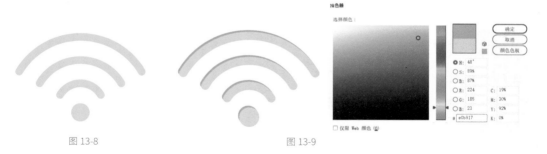

图 13-8　　　　　　　　　　图 13-9

⑧ 再将复制组的位置进行微调，最终效果如图 13-10 所示。

图 13-10

014

在图形内部绘制图形

为了使图案更加精彩、更有层次，可以在已有的图案中绘制另外的图案。下面我们来学习在图形中绘制图形的方法，如图 14-1 所示。

图 14-1

1. 技巧解析

在已有的图案内绘制图形时，注意不能画出边框，这时就可以使用"内部绘图"工具，如图 14-2 所示。

"内部绘图"工具相当于把底层的图层变为边界，只能在边界内绘制，超出边界则不显示，如图 14-3 所示。

图 14-2

图 14-3

2. 实战：在图形内部绘制图形

实例位置：实例文件 >CH02> 在图形内部绘制图形 .ai

教学视频

制作步骤

① 打开 Illustrator 软件，单击"新建"按钮，打开"新建文档"对话框。设置画布尺寸，单击"创建"按钮，新建一个文档。在画板中使用"钢笔工具"绘制一条线，如图 14-4 所示。

② 关闭填色，开启描边，更改描边宽度，将颜色修改为黄色，如图 14-5 所示。

图 14-4

图 14-5

③ 查看修改后的效果，如图 14-6 所示。

④ 选中线段，按住 Alt 键，向下拖曳复制出另一条线，如图 14-7 所示。

图 14-6

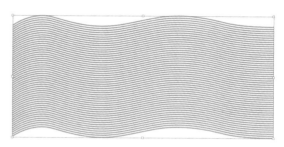

图 14-7

⑤ 多次按组合键 Ctrl+D，复制等距线段，如图 14-8 所示。

⑥ 选择全部的线，按组合键 Ctrl+G 编组，如图 14-9 所示。

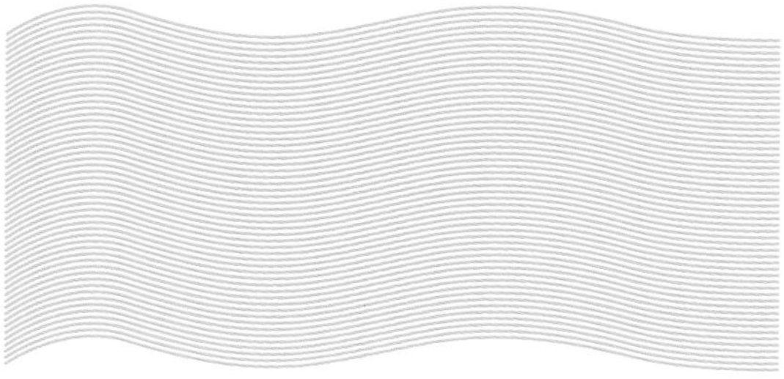

图 14-8

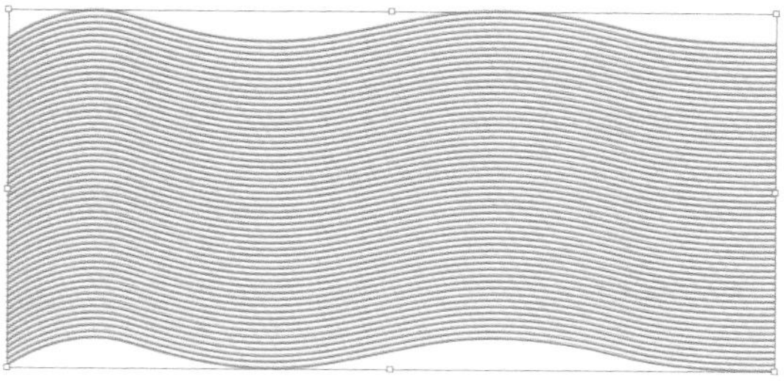

图 14-9

⑦ 使用"钢笔工具"绘制鹿的形状，关闭填色和描边功能，只保留路径，如图 14-10 所示。

⑧ 选择编组图层，按组合键 Ctrl+X 剪切，再选择鹿的路径，切换"内部绘图"模式，然后按组合键 Ctrl+V 粘贴，如图 14-11 所示。

图 14-10

图 14-11

015

绘制旋转线条图形

在设计中，经常会使用有规则的螺旋形状图案装饰画面。接下来我们来学习如何绘制旋转线条图形，如图 15-1 所示。

图 15-1

1. 技巧解析

本效果主要使用"效果">"扭曲和变换">"变换"命令完成，如图 15-2 所示。

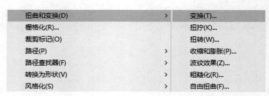

图 15-2

2. 实战：绘制旋转线条图形

实例位置：实例文件 >CH02> 绘制旋转线条图形 .ai

教学视频

制作步骤

① 打开 Illustrator 软件，单击"新建"按钮，打开"新建文档"对话框。设置画布尺寸，单击"创建"按钮，新建一个文档。在画板中绘制多边形，如图 15-3 所示。

② 执行"效果">"扭曲和变换">"变换"命令，在"变换效果"对话框中修改参数，如图 15-4 所示。

③ 制作出的旋转线条效果，如图 15-5 所示。

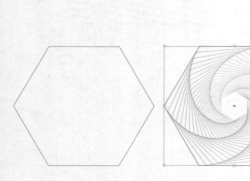

图 15-3

图 15-4

图 15-5

016

画出心形图案

在很多产品和礼品包装上会出现心形装饰图案。接下来我们就来学习如何在软件中绘制出心形图案，如图 16-1 所示。

图 16-1

1. 技巧解析

本效果主要使用"对象">"扩展"命令完成，如图 16-2 所示。

图 16-2

2. 实战：画出心形图案

实例位置：实例文件 >CH02> 画出心形图案 .ai

教学视频

制作步骤

① 打开 Illustrator 软件，单击"新建"按钮，打开"新建文档"对话框。设置画布尺寸，单击"创建"按钮，新建一个文档。在画板中绘制一个正方形，并将其旋转 45°，如图 16-3 所示。

② 使用"直接选择工具"，删除正方形的顶点，如图 16-4 所示。

图 16-3

图 16-4

③ 更改描边粗细，将端点调整为圆头，最终效果如图 16-5 所示。

图 16-5

④ 再使用"直接选择工具"，选择上方两个锚点，将锚点调整为平滑的曲线，如图 16-6 所示。

图 16-6

⑤ 最后选择线段，执行"对象">"扩展"命令，将线段转换为图形，最终效果如图 16-7 所示。

图 16-7

017

快速得到
交集图案

在设计中，如果想绘制简单图形，可以先画出零散的图形，然后使用工具一键完成图形的连接，如图 17-1 所示。

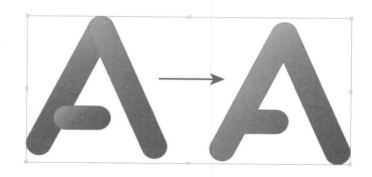

图 17-1

1. 技巧解析

本效果主要使用"形状生成器工具"完成，如图 17-2 所示。

图 17-2

2. 实战：快速得到交集图案

实例位置：实例文件 >CH02> 快速得到交集图案 .ai

教学视频

制作步骤

① 打开 Illustrator 软件，单击"新建"按钮，打开"新建文档"对话框。设置画布尺寸，单击"创建"按钮，新建一个文档。在画板中绘制圆角矩形，填充渐变色，如图 17-3 所示。

② 继续绘制圆角矩形，与第一个圆角矩形重叠，如图 17-4 所示。

③ 继续绘制圆角矩形，与前一个圆角矩形重叠，如图 17-5 所示。

④ 使用"形状生成工具"，在需要连接的部分拖动，将所有的图形连接在一起，最终效果如图 17-6 所示。

图 17-3   图 17-4   图 17-5   图 17-6

018

制作切割背景

在设计中，经常要制作切割状的图像，这种图形非常适合作为背景使用。下面我们来学习切割背景具体的制作方法，如图 18-1 所示。

图 18-1

1. 技巧解析

先绘制一个渐变矩形，再使用"美工刀工具"对矩形进行切割。

2. 实战：制作切割背景

实例位置：实例文件 >CH02> 制作切割背景 .ai

教学视频

制作步骤

①打开 Illustrator 软件，单击"新建"按钮，打开"新建文档"对话框。设置画布尺寸，单击"创建"按钮，新建一个文档。在画板中绘制一个渐变矩形，如图 18-2 所示。

②选择渐变矩形，使用"美工刀工具"随意进行切割，如图 18-3 所示。

③使用"形状生成器工具"，按住 Alt 键删减多余的空间，最终效果如图 18-4 所示。

图 18-2

图 18-3

图 18-4

019

快速画出块面

图 19-1

块面是指构成立体图形的平面，在设计中，有时会根据需要绘制块面来装饰画面。接下来我们来学习快速制作块面的方法，如图 19-1 所示。

1. 技巧解析

绘制块面，需要使用"椭圆工具"和"矩形工具"。

2. 实战：快速画出块面

实例位置：实例文件 >CH02> 快速画出块面 .ai

教学视频

制作步骤

①　打开 Illustrator 软件，单击"新建"按钮，打开"新建文档"对话框。设置画布尺寸，单击"创建"按钮，新建一个文档。使用"椭圆工具"，按住 Shift 键，绘制一个圆形，如图 19-2 所示。

②　在原位复制一个圆形，填充为白色，缩小并原位复制一个圆形，填充为黄色，如图 19-3 所示。

图 19-2

图 19-3

③　使用"矩形工具"绘制一个矩形，填充为白色，并将其与中间的圆形对齐，然后将矩形旋转 45°，复制三次，并选择所有矩形编组，最后选择矩形和中间的圆形，执行"减去顶层"命令，并将内部调整为圆角，如图 19-4 所示。

④　用"椭圆工具"绘制出柠檬的背景，最终效果如图 19-5 所示。

图 19-4

图 19-5

020

将黑白位图转为矢量图形

在设计中，有时会根据需要将图片转为矢量图。下面我们来学习矢量图的制作方法，如图 20-1 所示。

图 20-1

1. 技巧解析

打开位图后，先进行图像描摹，再进行扩展。

2. 实战：将黑白位图转为矢量图形

实例位置：实例文件 >CH02> 将黑白位图转为矢量图形 .ai

教学视频

制作步骤

① 打开 Illustrator 软件，单击"新建"按钮，打开"新建文档"对话框。设置画布尺寸，单击"创建"按钮，新建一个文档。在画板中拖入一个位图，如图 20-2 所示。

② 执行"图像描摹"命令，将预设设置为"黑白徽标"，如图 20-3 所示。

③ 执行"扩展"命令，删去白色背景，最终效果如图 20-4 所示。

图 20-2

图 20-3

图 20-4

CHAPTER

巧用锚点和
路径

021

快速对齐锚点

在设计中，我们常常需要通过对齐锚点的方式来制作图形。接下来我们学习快速对齐锚点的方法，如图 21-1 所示。

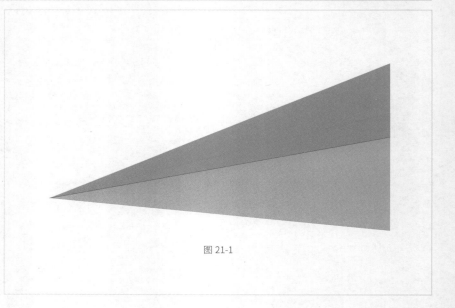

图 21-1

1. 技巧解析

对齐锚点需要使用"直接选择工具"，通过"对象">"路径">"平均"命令实现对齐效果。

2. 实战：快速对齐锚点

实例位置：实例文件 >CH03> 快速对齐锚点 .ai

制作步骤

1️⃣ 打开 Illustrator 软件，单击"新建"按钮。打开"新建文档"对话框。设置画布尺寸，单击"创建"按钮，新建一个文档。绘制三个三角形，如图 21-2 所示。

2️⃣ 使用"直接选择工具"选择需要对齐的锚点，如图 21-3 所示。

3️⃣ 执行"对象">"路径">"平均"命令，在"平均"对话框中，选择"两者兼有"选项，单击"确定"按钮，如图 21-4 所示。

4️⃣ 设置完成的最终效果，如图 21-5 所示。

图 21-2

图 21-3

平均

轴
○ 水平 (H)
○ 垂直 (V)
● 两者兼有 (B)

确定　取消

图 21-4

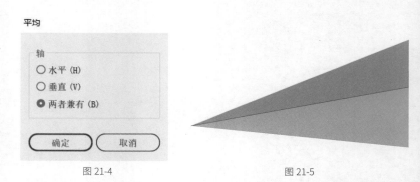

图 21-5

022

减少路径锚点

在设计中，可能会遇到因路径锚点太多，导致影响图形平滑度的情况，这时就需要减少路径锚点，使图形变得平滑。接下来我们就学习快速减少路径锚点的方法，如图 22-1 所示。

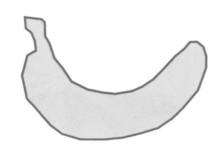

图 22-1

1. 技巧解析

减少路径锚点需要使用"对象">"路径">"简化"命令。

2. 实战：减少路径锚点

实例位置：实例文件 >CH03> 减少路径锚点 .ai

教学视频

制作步骤

① 打开 Illustrator 软件，单击"新建"按钮，打开"新建文档"对话框。设置画布尺寸，单击"创建"按钮，新建一个文档。绘制一个图形，如图 22-2 所示。

② 全选图形，执行"对象">"路径">"简化"命令，如图 22-3 所示。

③ 调整至合适的锚点数量，如图 22-4 所示。

④ 细化后的锚点效果，如图 22-5 所示。

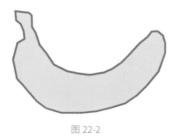

图 22-2

图 22-3

图 22-4

图 22-5

023

制作放射光芒背景

在设计中，经常用放射光芒图案作为背景，以突出主体，丰富画面。接下来我们就来学习放射光芒背景的制作方法，如图 23-1 所示。

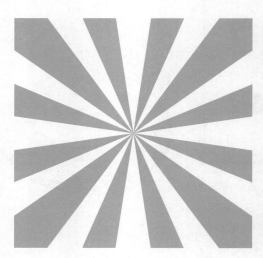

图 23-1

1. 技巧解析

绘制一圈正方形，选择正方形内侧的锚点，通过"对象">"路径">"平均"命令制作放射效果。

2. 实战：制作放射光芒背景

实例位置：实例文件 >CH03> 制作放射光芒背景 .ai

教学视频

制作步骤

① 打开 Illustrator 软件，单击"新建"按钮，打开"新建文档"对话框。设置画布尺寸，单击"创建"按钮，新建一个文档。绘制一圈小正方形，如图 23-2 所示。

② 使用"直接选择工具"，选择每个正方形内侧的锚点，如图 23-3 所示。

③ 执行"对象">"路径">"平均"命令，打开"平均"对话框。选择"两者兼有"选项，单击"确定"按钮，如图 23-4 所示。

④ 细化锚点后的最终效果，如图 23-5 所示。

图 23-2

图 23-3

图 23-4

图 23-5

024

快速连接断口

在设计中,我们常常会遇到路径断口,影响后续操作。接下来我们就学习一下快速连接断口的方法,如图 24-1 所示。

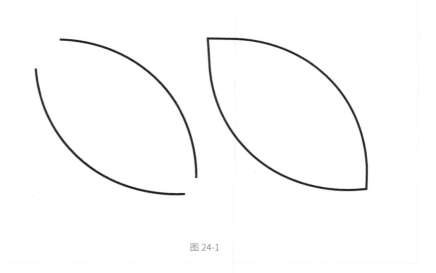

图 24-1

1. 技巧解析

使用"连接工具",将图形上的断口连接。

2. 实战:快速连接断口

实例位置:实例文件 >CH03> 快速连接断口 .ai

制作步骤

① 打开 Illustrator 软件,单击"新建"按钮,打开"新建文档"对话框。设置画布尺寸,单击"创建"按钮,新建一个文档。在画板中绘制两个线段,如图 24-2 所示。

② 选择"连接工具" ,将断点连接起来,如图 24-3 所示。

③ 链接断口后的图片效果,如图 24-4 所示。

图 24-2

图 24-3

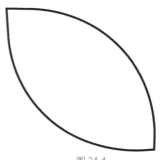

图 24-4

调整素材粗糙的边缘

在设计中，有时会遇到获取的素材边缘粗糙的问题，此时就需要调整边缘，使其变得平滑。接下来我们就来学习调整素材粗糙边缘的方法，如图 25-1 所示。

图 25-1

1. 技巧解析

使用"平滑工具"调整素材边缘。

2. 实战：调整素材粗糙的边缘

实例位置：实例文件 >CH03> 调整素材粗糙的边缘 .ai

教学视频

制作步骤

①　打开 Illustrator 软件，单击"新建"按钮，打开"新建文档"对话框。设置画布尺寸，单击"创建"按钮，新建一个文档。在画板中导入一张素材，对其进行高保真描摹，如图 25-2 所示。

②　双击平滑工具，调整"保真度"数值大小，如图 25-3 所示。

③　全选素材并选择联集，如图 25-4 所示。

④　用平滑工具调整边缘，最终效果如图 25-5 所示。

图 25-2

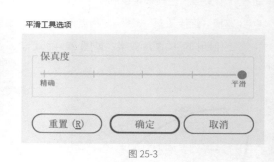

图 25-3

图 25-4

图 25-5

026

制作环形文字

在设计中，尤其是在设计广告、宣传单时，经常需要将文字制作成环形，使画面更加时尚好看。接下来我们就来学习环形文字的制作方法，如图 26-1 所示。

图 26-1

1. 技巧解析

使用"路径文字工具"制作环形文字。

2. 实战：制作环形文字

实例位置：实例文件 >CH03> 制作环形文字 .ai

制作步骤

① 打开 Illustrator 软件，单击"新建"按钮，打开"新建文档"对话框。设置画布尺寸，单击"创建"按钮，新建一个文档。在画板中输入一段文字，如图 26-2 所示。

let's make a toast to the damned waitin' for tomorrow

图 26-2

② 绘制一个圆形路径，如图 26-3 所示。

③ 使用"路径文字工具"，单击圆形路径，如图 26-4 所示。

④ 将文字复制到新创建的圆形路径中并调整大小，最终效果如图 26-5 所示。

图 26-3

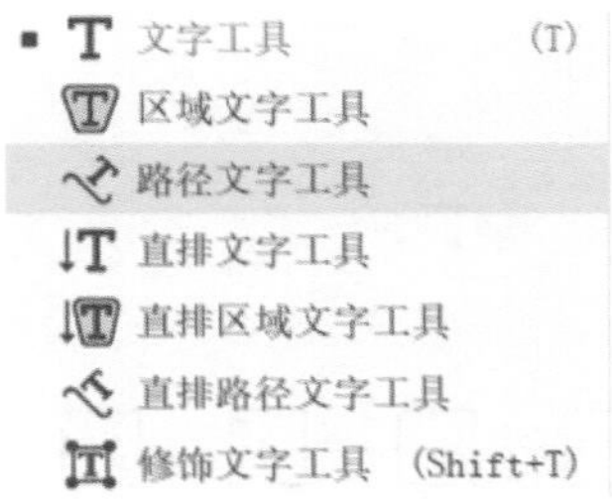

▪ **T** 文字工具	(T)
Ⓣ 区域文字工具	
✓ 路径文字工具	
↓T 直排文字工具	
Ⓣ 直排区域文字工具	
✓ 直排路径文字工具	
Ⅲ 修饰文字工具	(Shift+T)

图 26-4

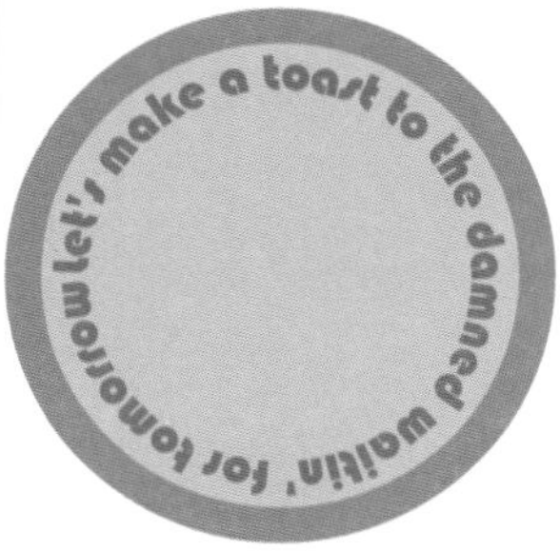

图 26-5

027

快速制作花边

在设计中，有时需要制作花边来装饰文字或版面，以衬托主体内容。接下来我们就来学习快速制作花边的方法，如图27-1所示。

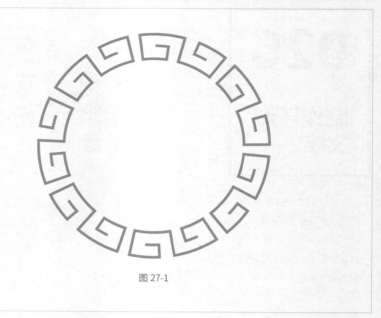

图 27-1

1. 技巧解析

先绘制单个图案，再将图案拖入"画笔"面板，设置为"图案画笔"。

2. 实战：快速制作花边

实例位置：实例文件 >CH03> 快速制作花边 .ai

教学视频

制作步骤

① 打开 Illustrator 软件，单击"新建"按钮，打开"新建文档"对话框。设置画布尺寸，单击"创建"按钮，新建一个文档。在画板中绘制一个图案，如图27-2所示。

图 27-2

② 将图案拖入"画笔"面板，设置为"图案画笔"，如图27-3所示。

③ 将"间隔"设置为 10%，如图27-4所示。

④ 选择新建的画笔绘制圆形，最终效果如图27-5所示。

图 27-3

图 27-4

图 27-5

028

巧用偏移路径

如果用普通的方式绘制复杂一点的图形，步骤会比较烦琐，此时可以用偏移路径的方式绘制图形。接下来我们就来学习一种快速简单的绘制方法，效果如图28-1所示。

图 28-1

1. 技巧解析

绘制一个路径并执行"对象">"路径">"偏移路径"命令。

2. 实战：巧用偏移路径

实例位置：实例文件 >CH03> 巧用偏移路径 .ai

制作步骤

① 打开 Illustrator 软件，单击"新建"按钮，打开"新建文档"对话框。设置画布尺寸，单击"创建"按钮，新建一个文档。在画板中绘制一个图案，如图 28-2 所示。

② 选择路径，执行"对象">"路径">"偏移路径"命令，如图 28-3 所示。

③ 在"偏移路径"对话框中，根据需要调整"位移"的数值，如图 28-4 所示。

④ 填充路径，最终效果如图 28-5 所示。

图 28-2

路径(P)	>		连接(J)	Ctrl+J
形状(P)	>		平均(V)...	Alt+Ctrl+J
图案(E)	>		轮廓化描边(U)	
混合(B)	>		偏移路径(O)...	
封套扭曲(V)	>		反转路径方向(E)	
透视(P)	>		简化(M)...	
实时上色(N)	>		添加锚点(A)	
图像描摹	>		移去锚点(R)	
文本绕排(W)	>		分割下方对象(D)	
剪切蒙版(M)	>		分割为网格(S)...	
复合路径(O)	>		清理(C)...	
画板(A)	>			

图 28-3

偏移路径

位移 (O)： 10 px

连接 (J)： 斜接

斜接限制 (M)： 4

☑ 预览 (P)   确定   取消

图 28-4

图 28-5

029

制作笔刷效果文字

在设计中，经常需要设计文字的样式。接下来我们就学习一种制作笔刷并书写文字的方法，效果如图 29-1 所示。

图 29-1

1. 技巧解析

将素材进行图像描摹，再将素材设置为笔刷。

2. 实战：制作笔刷效果文字

实例位置：实例文件 >CH03> 制作笔刷效果文字 .ai

制作步骤

1️⃣ 打开 Illustrator 软件，单击"新建"按钮，打开"新建文档"对话框。设置画布尺寸，单击"创建"按钮，新建一个文档。在画板中拖入一个毛笔素材，如图 29-2 所示。

图 29-2

2️⃣ 对素材进行图像描摹，忽略白色并扩展，如图 29-3 所示。

3️⃣ 将素材拖入笔刷，新建一个艺术笔刷，将"方法"设置为"色相转换"，如图 29-4 所示。

4️⃣ 用新建的笔刷书写文字，最终效果如图 29-5 所示。

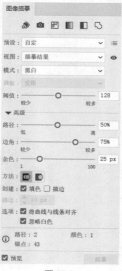

图 29-3

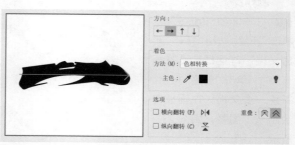

图 29-4

图 29-5

030

制作缤纷烟花效果

在设计一些节日的图案时，常需要制作缤纷烟花的效果。接下来我们就来学习制作烟花图案的方法，效果如图 30-1 所示。

图 30-1

1. 技巧解析

绘制三条渐变直线，将直线设置为散点画笔。

2. 实战：制作缤纷烟花效果

实例位置：实例文件 >CH03> 制作缤纷烟花效果 .ai

教学视频

制作步骤

1️⃣ 打开 Illustrator 软件，单击"新建"按钮，打开"新建文档"对话框。设置画布尺寸，单击"创建"按钮，新建一个文档。绘制三条渐变线，设置透明度变化，如图 30-2 所示。

2️⃣ 选择直线，执行"对象">"拼合透明度"命令，打开"拼合透明度"对话框。选中"保留 Alpha 透明度"复选框，如图 30-3 所示。

3️⃣ 将直线拖入画笔栏，选择散点画笔，如图 30-4 所示。

4️⃣ 绘制一个圆形，调整之后，使用新建的画笔，原位复制若干直线，最终效果如图 30-5 所示。

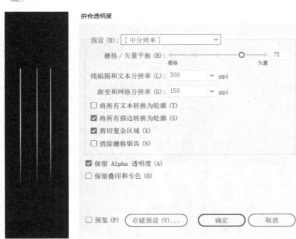

图 30-2　　　　　　图 30-3

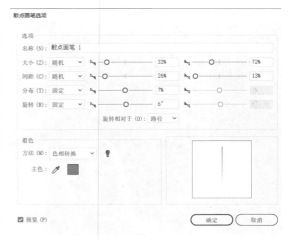

图 30-4

firework

图 30-5

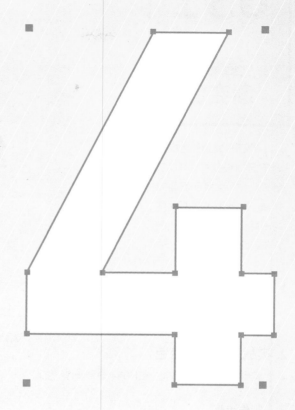

CHAPTER

4

缤纷的色彩
与渐变

031

复制
渐变色

将已有的渐变色应用到不同的设计中，可以节省设计时间，保证画面效果统一。接下来我们就学习一种快速复制渐变色的方法，如图 31-1 所示。

图 31-1

1. 技巧解析

选中文字，按组合键 Shift+F5，然后用"吸管工具"为文字添加渐变色。

2. 实战：复制渐变色

实例位置：实例文件 >CH04> 复制渐变色 .ai

教学视频

制作步骤

① 打开 Illustrator 软件，单击"新建"按钮，打开"新建文档"对话框。设置画布尺寸，单击"创建"按钮，新建一个文档。创建一个渐变色，输入文字，如图 31-2 所示。

② 将文字选中，按组合键 Shift+F5，打开"图形样式"面板，选择第一个样式，如图 31-3 所示。

图 31-2

图 31-3

③ 使用"吸管工具" ✐ 单击上方的渐变色矩形，即可将渐变色复制给文字，如图 31-4 所示。

图 31-4

032

将图案变成色板

在设计中，有时需要将图案中的颜色提取，在后续设计中使用，此时可以将图案变成色板以便填充图形。下面我们学习一个小技巧，可以快速将图案变成色板，如图 32-1 所示。

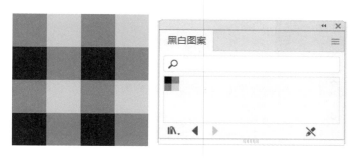

图 32-1

1. 技巧解析

将图案变成色板，只需要将图案拖入色板就可以了。注意一定要保存色板，如果未保存，那么下次新建文件的时候，色板就会消失。

2. 实战：将图案变成色板

实例位置：实例文件 >CH04> 将图案变成色板 .ai

教学视频

制作步骤

① 打开 Illustrator 软件，单击"新建"按钮，打开"新建文档"对话框。设置画布尺寸，单击"创建"按钮，新建一个文档。在画板中绘制一个黑白灰的格子图案，如图 32-2 所示。

② 执行"窗口 > 色板"命令，如图 32-3 所示；打开"色板"面板，如图 32-4 所示。

图 32-2

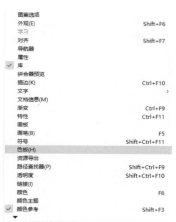

图 32-3

图 32-4

③ 将图案全选，按组合键 Ctrl+G 编组，并将其拖入"色板"面板，如图 32-5 所示。

④ 单击最左侧的"色板库菜单"按钮，如图 32-6 所示；选择"存储色板"命令，如图 32-7 所示。

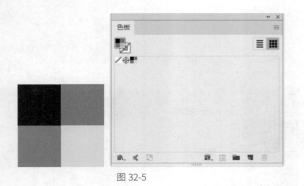

图 32-5

图 32-6

图 32-7

⑤ 重命名为"黑白图案"之后，单击"保存"按钮，如图 32-8 所示。

图 32-8

⑥ 使用"矩形工具"，选择色板上的图案，就可以自由绘制相应图案的矩形，如图 32-9 所示。

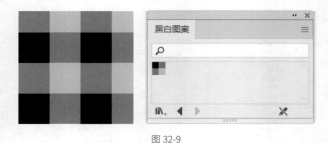

图 32-9

033

给相交图形的单个区域上色

在设计中，常常需要给相交图形的单个区域上色，但是无法直接选中相应的区域，此时如果用"分割"工具，那么后续将无法整体调整大小，这里可以使用"实时上色工具"进行分区上色，如图33-1所示。

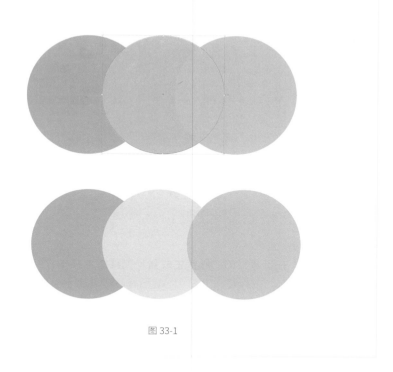

图 33-1

1. 技巧解析

给相交图形的单个区域上色，只需要全选图形，并单击"实时上色工具"，就可对单个区域进行上色。

2. 实战：给相交图形的单个区域上色

实例位置：实例文件 >CH04> 给相交图形的单个区域上色 .ai

教学视频

制作步骤

① 打开 Illustrator 软件，单击"新建"按钮，打开"新建文档"对话框。设置画布尺寸，单击"创建"按钮，新建一个文档。在画板中绘制三个相交的圆形图案，填充不同的颜色，如图 33-2 所示。

② 全选三个圆形，单击"色板"面板的"新建颜色组"按钮 ▣，打开"新建颜色组"对话框，单击"确定"按钮，如图 33-3 所示。

图 33-2

新建颜色组

名称 (N)：颜色组 1

创建自 ○ 选定的色板 (S)
　　　　● 选定的图稿 (A)
　　　　　□ 将印刷色转换为全局色 (G)
　　　　　☑ 包括用于色调的色板 (T)

确定　　取消

图 33-3

③ 选中"色板"面板新建的颜色组，单击"新建色板"按钮 ▦，打开"新建色板"面板，如图 33-4 所示。设置一个想要的色号，单击"确定"按钮，如图 33-5 所示。

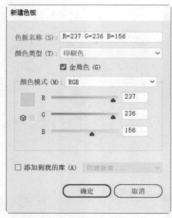

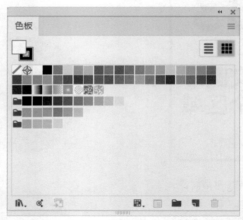

图 33-4   图 33-5

④ 全选图案，在工具栏的"形状生成器"工具组中选择"实时上色工具" ▦，这时你会发现，当鼠标停留在某一区域时，鼠标箭头会变为 ▭ 图标，这就表示该区域的颜色可以更改了，如图 33-6 和图 33-7 所示。

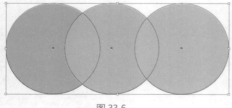

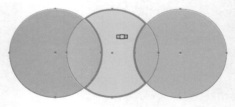

图 33-6   图 33-7

⑤ 通过单击色板上的色号，可以更改图案颜色，如图 33-8 所示；调整完成的效果，如图 33-9 所示。

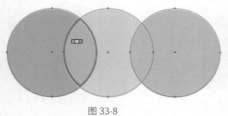

图 33-8   图 33-9

034

制作炫彩渐变效果

在设计中，渐变色可以给图案带来一种神秘和梦幻的感觉。普通的线性渐变和径向渐变效果比较死板，我们可以使用网格工具，做出炫彩渐变效果，如图 34-1 所示。

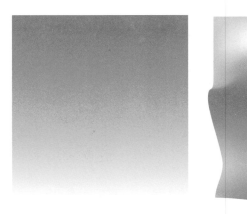

图 34-1

1. 技巧解析

在制作渐变效果时，可以用"网格工具"选出路径，并对锚点上色，做出炫彩渐变效果。

2. 实战：制作炫彩渐变效果

实例位置：实例文件 >CH04> 制作炫彩渐变效果 .ai

教学视频

制作步骤

① 打开 Illustrator 软件，单击"新建"按钮，打开"新建文档"对话框。设置画布尺寸，单击"创建"按钮，新建一个文档。选出几种颜色导入"色板"面板，如图 34-2 所示。

② 用"矩形工具"绘制一个矩形，使用"网格工具"  在矩形中单击添加网格点，如图 34-3 所示。

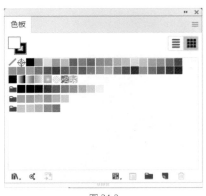

图 34-2

图 34-3

③ 使用"直接选择工具"单击锚点，再单击"色板"面板中的颜色，即可为网格设置不同的颜色，如图 34-4 所示。

④ 用"直接选择工具"拖曳锚点或锚点手柄，可以扭曲颜色，如图 34-5 所示。

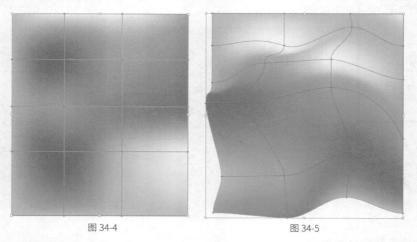

图 34-4

图 34-5

⑤ 还可以复制图案，用"椭圆工具"在复制的图案上方绘制圆形。全选圆形和图案，单击鼠标右键，在弹出的快捷菜单中选择"建立剪切蒙版"命令，做出圆形的渐变效果，如图 34-6 所示。

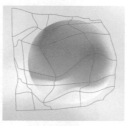

图 34-6

⑥ 调整圆形的位置，效果如图 34-7 所示。

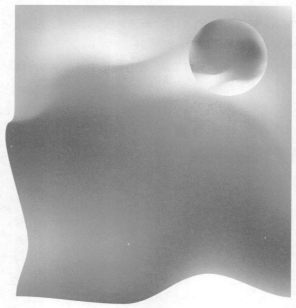

图 34-7

035

用描边制作放射光芒

在设计中，常会使用放射线效果作为背景，如果用线条一个一个复制，那就太麻烦了。此时我们可以用描边工具，只需要简单几步就能制作出放射光芒效果，如图 35-1 所示。

图 35-1

1. 技巧解析

在制作放射光芒图案时，只需要改变圆形描边的粗细和密度，就可以做出适合的效果。

2. 实战：用描边制作放射光芒

实例位置：实例文件 >CH04> 用描边制作放射光芒 .ai

教学视频

制作步骤

① 打开 Illustrator 软件，单击"新建"按钮，打开"新建文档"对话框。设置画布尺寸，单击"创建"按钮，新建一个文档。绘制一个空白填色、描边任意颜色的圆形，如图 35-2 所示。

② 按组合键 Shift+F5，打开"外观"面板，如图 35-3 所示。选中圆形，单击"描边："字样，选中"虚线"复选框，更改"粗细"数值直到填满圆形，调整虚线密度，如图 35-4 所示。

图 35-2

图 35-3

图 35-4

③ 使用"矩形工具"绘制一个矩形，放在刚才的放射线条上，单击"图层"面板的"建立 / 释放剪切蒙版"按钮▣，建立剪切蒙版，如图 35-5 所示。

图 35-5

④ 制作完成的放射光芒效果，如图 35-6 所示。

图 35-6

036

制作管状渐变图形

在设计中,管状渐变会使画面具有延伸性和科技感,所以在各种宣传海报上这种图形都比较常见。接下来我们就来学习管状渐变图形的制作方法,如图 36-1 所示。

图 36-1

1. 技巧解析

在制作管状渐变图形时,需要先设置混合选项,再绘制两个渐变图形。全选图形后,按组合键 Ctrl+Alt+B 连接两个圆形,形成渐变的圆柱形,然后随意绘制一条路径,并全选路径和渐变圆柱形,执行"对象">"混合">"替换混合轴"命令。

2. 实战: 制作管状渐变图形

实例位置: 实例文件 >CH04> 制作管状渐变图形 .ai

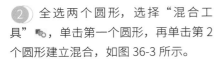

教学视频

制作步骤

① 打开 Illustrator 软件,单击"新建"按钮,打开"新建文档"对话框。设置画布尺寸,单击"创建"按钮,新建一个文档。选择任意三个颜色并绘制两个渐变的圆形,如图 36-2 所示。

图 36-2

② 全选两个圆形,选择"混合工具"，，单击第一个圆形,再单击第 2 个圆形建立混合,如图 36-3 所示。

③ 双击"混合工具",打开"混合选项"对话框,设置"间距"为"指定的步数",数值为 300,单击"确定"按钮,如图 36-4 所示。

图 36-3

图 36-4

④ 随意绘制一条路径，全选刚才的渐变图形和路径，执行"对象">"混合">"替换混合轴"命令，如图 36-5 所示。绘制完成的图形效果，如图 36-6 所示。

⑤ 用"矩形工具"绘制一个渐变矩形，将管状渐变图形放进矩形内，如图 36-7 所示。

建立(M)	Alt+Ctrl+B
释放(R)	Alt+Shift+Ctrl+B
混合选项(O)...	
扩展(E)	
替换混合轴(S)	
反向混合轴(V)	
反向堆叠(F)	

图 36-5

图 36-7

图 36-6

037

制作颜色反差效果

在设计中，颜色反差效果不仅可以强调主题，还可以丰富画面。接下来我们就来学习制作颜色反差效果的方法，如图 37-1 所示。

图 37-1

1. 技巧解析

在文字上面绘制圆形并编组，执行"效果">"路径查找器">"差集"命令。

2. 实战：制作颜色反差效果

实例位置：实例文件 >CH04> 制作颜色反差效果 .ai

教学视频

制作步骤

①打开 Illustrator 软件，单击"新建"按钮，打开"新建文档"对话框。设置画布尺寸，单击"创建"按钮，新建一个文档。在画板中输入一段文字，如图 37-2 所示。

②再用"椭圆工具"绘制两个圆形，图层在文字上方，如图 37-3 所示。

③全选圆形和文字，并按组合键 Ctrl+G 编组，执行"效果">"路径查找器">"差集"命令，如图 37-4 所示。也可以单击"路径查找器"面板的"差集"按钮 ▣，得到颜色反差效果，制作完成的文字效果如图 37-5 所示。

图 37-2

图 37-3

变形(W)	>	
扭曲和变换(D)	>	
栅格化(R)...		
裁剪标记(O)		
路径(P)	>	
路径查找器(F)	>	相加(A)
转换为形状(V)	>	交集(I)
风格化(S)	>	差集(E)
Photoshop 效果		相减(U)
效果画廊...		减去后方对象(B)
像素化	>	分割(D)
扭曲	>	修边(T)
模糊	>	合并(M)
画笔描边	>	裁剪(C)
素描	>	轮廓(O)
纹理	>	实色混合(H)
艺术效果	>	透明混合(S)...
视频	>	陷印(P)...
风格化	>	

图 37-4

图 37-5

038

一键改变
作品色调

在设计中，常常要根据作品的实际用处改变画面的颜色。接下来我们就来学习如何一键改变作品色调如图 38-1 所示。

图 38-1

1. 技巧解析

全选图形，单击"重新作图稿工具"，即可改变画面的颜色。

2. 实战：一键改变作品色调

实例位置：实例文件 >CH04> 一键改变作品色调 .ai

制作步骤

1. 打开 Illustrator 软件，单击"新建"按钮，打开"新建文档"对话框。设置画布尺寸，单击"创建"按钮，新建一个文档。在画板中绘制一幅作品，如图 38-2 所示。

2. 全选作品，打开"色板"面板，单击"新建颜色组"按钮，保持作品选中的情况下，选中新建的颜色组，如图 38-3 所示。

图 38-2

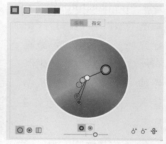

图 38-3

3. 单击"编辑或应用颜色组"按钮，打开"重新着色图稿"对话框。选中左下角的"图稿重新着色"复选框，选择"编辑"模式，并单击色盘上的色彩滑块协调颜色，如图 38-4 所示。

4. 调整颜色至合适的搭配样式，最终效果如图 38-5 所示。

图 38-4

图 38-5

039

快速给矢量画上色

在设计中，常需要给矢量画上色，制作好看的图案。接下来我们就来学习快速给矢量画上色的方法，如图 39-1 所示。

图 39-1

1. 技巧解析

本效果需使用"实时上色工具"。

2. 实战：快速给矢量画上色

实例位置：实例文件 >CH04> 快速给矢量画上色 .ai

教学视频

制作步骤

1️⃣ 打开 Illustrator 软件，单击"新建"按钮，打开"新建文档"对话框。设置画布尺寸，单击"创建"按钮，新建一个文档。在画板上绘制一幅线稿，如图 39-2 所示。

2️⃣ 执行"对象" > "实时上色" > "建立"命令，如图 39-3 所示。

3️⃣ 选择工具栏中的"实时上色工具"，选择合适的颜色，单击上色，效果如图 39-4 所示。

图 39-2　　　　　　　　　图 39-3　　　　　　　　　图 39-4

040

制作数字渐变效果

在设计中，用"描边"工具，可以很快地制作流畅渐变的数字效果，如图 40-1 所示。

图 40-1

1. 技巧解析

使用"描边"工具，可以做出流畅渐变的数字造型。

2. 实战：制作数字渐变效果

实例位置：实例文件 >CH04> 制作数字渐变效果 .ai

教学视频

制作步骤

① 打开 Illustrator 软件，单击"新建"按钮，打开"新建文档"对话框。设置画布尺寸，单击"创建"按钮，新建一个文档。使用"椭圆工具"，按住 Shift 键，绘制一个圆形，如图 40-2 所示。

② 取消填色，设置渐变描边，将"类型"设置为"线性渐变"，将"描边"设置为"沿描边应用渐变"，如图 40-3 所示。

③ 调节描边"粗细"到适当宽度，按组合键 Ctrl+C 复制，再按组合键 Ctrl+F 粘贴到原位置，向下拖曳并旋转成如图 40-4 所示的图案。

图 40-2

④ 调节数字 8 中一个圆环的渐变效果，制作颜色由深到浅的效果，如图 40-5 所示。

⑤ 调节渐变滑块的位置，使数字 8 中间重合的部分色差减弱，如图 40-6 所示。

⑥ 制作完成的数字效果，如图 40-7 所示。

图 40-3

图 40-4

图 40-5

图 40-6

图 40-7

CHAPTER

5

常见的文字
难题

041

改变文字方向

在设计中，常需要改变文字的方向，以满足作品设计的需要。下面我们就来学习快速改变文字方向的方法，如图 41-1 所示。

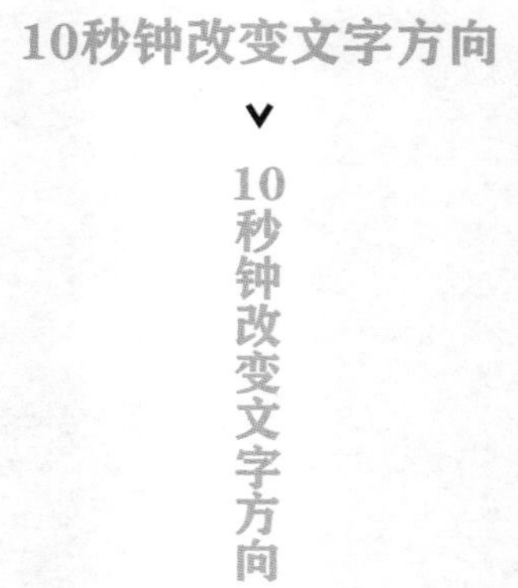

10秒钟改变文字方向

∨

10秒钟改变文字方向

图 41-1

1. 技巧解析

本效果可通过执行"文字">"文字方向">"垂直"命令实现。

2. 实战：改变文字方向

实例位置：实例文件 >CH05> 改变文字方向 .ai

教学视频

制作步骤

① 打开 Illustrator 软件，单击"新建"按钮，打开"新建文档"对话框。设置画布尺寸，单击"创建"按钮，新建一个文档。单击"文字工具"，在画布上输入一段文字，如图 41-2 所示。

10秒钟改变文字方向

图 41-2

② 全选文字，执行"文字">"文字方向">"垂直"命令，如图 41-3 所示。

③ 这时我们会发现，数字 10 在改变方向之后有些不便阅读。选择数字，按组合键 Ctrl+T 打开"字符"面板，单击右上角的三条横杠按钮，在弹出的快捷菜单中，选择"直排内横排"命令，如图 41-4 所示。

④ 文字改变方向的最终效果，如图 41-5 所示。

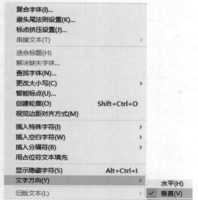

图 41-3

图 41-4

10秒钟改变文字方向

图 41-5

042

设计文字字体

在设计中，为了实现作品风格的统一，需要对字体进行设计，如在卡通画面中加入一些可爱的文字等。下面我们就来学习设计文字字体的方法，如图 42-1 所示。

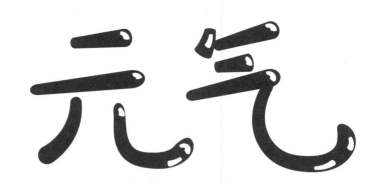

图 42-1

1. 技巧解析

先制作画笔，然后用"画笔工具"绘制字体。

2. 实战：设计文字字体

实例位置：实例文件 >CH05> 设计文字字体 .ai

教学视频

制作步骤

①打开 Illustrator 软件，单击"新建"按钮，打开"新建文档"对话框。设置画布尺寸，单击"创建"按钮，新建一个文档。在画板中，用"矩形工具"绘制一个矩形，如图 42-2 所示。

②用"直接选择工具"选择左侧两个锚点，按住 S 键切换到"比例缩放工具"，拖动鼠标将左侧边缩短，如图 42-3 所示。

③切换至"直接选择工具"，将 4 个锚点选中拉成圆角，如图 42-4 所示。

图 42-2

图 42-3

图 42-4

④按 F5 键，将图案拖到"画笔"面板中，如图 42-5 所示。

⑤在弹出的"新建画笔"对话框中，选择"艺术画笔"选项，单击"确定"按钮，如图 42-6 所示。

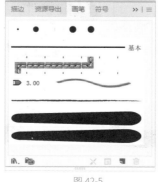

图 42-5

图 42-6

⑥ 在"艺术画笔选项"对话框中，将着色方法设置为"色相转换"，单击"确定"按钮，如图 42-7 所示。

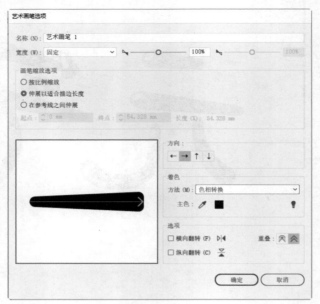

图 42-7

⑦ 用"画笔工具"选择合适的颜色，再用刚才设置好的笔刷写出想要的文字，如图 42-8 所示。

图 42-8

⑧ 最后为文字画出高光效果，完成设计，如图 42-9 所示。

图 42-9

043

添加平方符号

当设计的内容涉及数字单位时，有时需要将单位符号改为上标。下面我们就来学习将平方符号改为上标的方法，如图 43-1 所示。

平方:5m²

图 43-1

1. 技巧解析

使用"字符"面板中的"上标"工具，即可添加平方符号。

2. 实战：添加平方符号

实例位置：实例文件 >CH05> 添加平方符号 .ai

教学视频

制作步骤

① 打开 Illustrator 软件，单击"新建"按钮，打开"新建文档"对话框。设置画布尺寸，单击"创建"按钮，新建一个文档。在画板中，输入文字"平方：5m2"，如图 43-2 所示。

平方:5m2

图 43-2

② 选择数字 2，按组合键 Ctrl+T，打开"字符"面板，单击"上标"工具，如图 43-3 所示。

③ 添加平方符号后的效果，如图 43-5 所示。

图 43-3

小提示

如果打开"字符"面板后，没有显示"上标"等工具，则单击"字符"面板右上角的三条横杠按钮，在弹出的快捷菜单中，选择"显示选项"命令，如图 43-4 所示。

图 43-4

平方:5m²

图 43-5

044

添加化学符号

当设计的内容涉及化学公式时，常需要将其中的符号改为下标。下面就来学习将化学符号改为下标的方法，如图44-1所示。

$$O_2$$

图 44-1

1. 技巧解析

使用"字符"面板中的"下标"工具，即可添加化学符号中的下标。

2. 实战：添加化学符号

实例位置：实例文件 >CH05> 添加化学符号 .ai

教学视频

制作步骤

① 打开 Illustrator 软件，单击"新建"按钮，打开"新建文档"对话框。设置画布尺寸，单击"创建"按钮，新建一个文档。在画板中，输入文字"O2"，如图 44-2 所示。

$$O2$$

图 44-2

② 选择数字 2，按组合键 Ctrl+T，打开"字符"面板，选择"下标"工具 T₁，如图 44-3 所示。

③ 添加化学符号后的效果，如图 44-5 所示。

图 44-3

小提示

可以单击"字符"面板右上角的三条横杠按钮，在弹出的快捷菜单中，选择"上标"或"下标"命令实现，如图43-4所示。

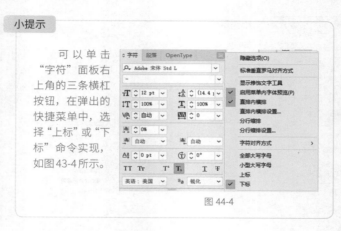

图 44-4

$$O_2$$

图 44-5

045

更改段落句首标点位置

当设计的内容是比较长的文字时，偶尔会出现段落文字标点在句首的情况。下面我们来学习改变段落标点位置的方法，如图45-1所示。

是非成败转头空，青山依旧在
，几度夕阳红。

是非成败转头空，青山依旧
在，几度夕阳红。

图 45-1

1. 技巧解析

使用"段落"面板中的"避头尾集"选项，即可更改段落句首标点位置。

2. 实战：更改段落句首标点位置

实例位置：实例文件 >CH05> 更改段落句首标点位置 .ai

教学视频

制作步骤

① 打开 Illustrator 软件，单击"新建"按钮，打开"新建文档"对话框。设置画布尺寸，单击"创建"按钮，新建一个文档。选择文字工具，鼠标左键按住拖曳出一段文字，如图45-2所示。

② 选择文本，按组合键 Ctrl+Alt+T，打开"段落"面板。在"避头尾集"选项中，选择"严格"，如图45-3所示。

③ 更改段落句首标点位置的最终效果，如图45-4所示。

是非成败转头空，青山依旧在
，几度夕阳红。

图 45-2

图 45-3

是非成败转头空，青山依旧
在，几度夕阳红。

图 45-4

046

轻松选中小文字

在设计中，有些比较小的文字不容易被选中，造成设计时的不便，此时我们可以通过改变选择方式，实现轻松选中小文字的目的。下面就来学习设置小文字的方法，如图 46-1 所示。

大字体文字

小字体

图 46-1

1. 技巧解析

在"首选项"对话框中，选择"仅按路径选择对象"。

2. 实战：轻松选中小文字

实例位置：实例文件 >CH05> 轻松选中小文字 .ai

教学视频

制作步骤

① 打开 Illustrator 软件，单击"新建"按钮，打开"新建文档"对话框。设置画布尺寸，单击"创建"按钮，新建一个文档。在画板中输入一段文字，如图 46-2 所示。

② 选择文本，按组合键 Ctrl+K，打开"首选项"对话框。在"文字"设置中，选中"仅按路径选择文字对象"复选框，如图 46-3 所示。

③ 设置后，只需框选小文字，就可以轻松选中并移动小文字了，如图 46-4 所示。

大字体文字

小字体

图 46-2

大字体文字

小字体。

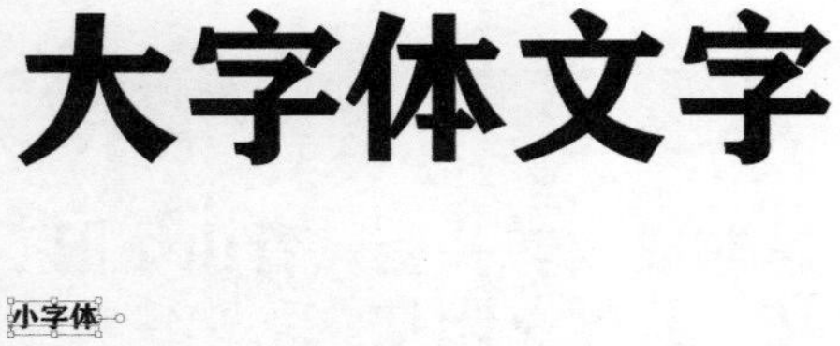

图 46-4

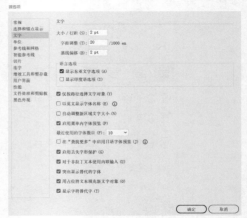
图 46-3

047

直排内横排数字

在设计中，当改变文字的排向后，数字部分的排版效果可能不那么理想，此时可以将其恢复为原排向，如图 47-1 所示。

数字10横排

图 47-1

1. 技巧解析

选择数字，按组合键 Ctrl+T，打开"字符"面板，单击右上角的三条横杠按钮，选择"直排内横排"命令。

2. 实战：直排内横排数字

实例位置：实例文件 >CH05> 直排内横排数字 .ai

教学视频

制作步骤

①打开 Illustrator 软件，单击"新建"按钮，打开"新建文档"对话框。设置画布尺寸，单击"创建"按钮，新建一个文档。在画板中，输入一段带有数字的文字，如图 47-2 所示。

数字10横排

图 47-2

②把横排文字改为竖排文字，执行"文字">"文字方向">"垂直"命令，改变后数字排版效果可能不理想。此时，需要选择文中的数字，按组合键 Ctrl+T 打开"字符"面板，单击右上角的三条横杠按钮，在弹出的快捷菜单中，选择"直排内横排"命令，如图 47-3 所示。

③全选文字，执行"文字">"文字方向">"垂直"命令，如图 47-4 所示。

④完成直排内横排数字的设置，效果如图 47-5 所示。

图 47-3

图 47-4

数字10横排

图 47-5

048

对齐有双引号的文字

在设计中，当出现文字在双引号内对不齐的情况时，我可以通过工具快速对齐有双引号的文字，如图 48-1 所示。

"设计
小技巧"

图 48-1

1. 技巧解析

在"段落"面板中，选择"罗马式悬挂标点"命令，将文字对齐。

2. 实战：对齐有双引号的文字

实例位置：实例文件 >CH05> 对齐有双引号的文字 .ai

教学视频

制作步骤

① 打开 Illustrator 软件，单击"新建"按钮，打开"新建文档"对话框。设置画布尺寸，单击"创建"按钮，新建一个文档。在面板中，输入一段带有双引号并换行的文字，如图 48-2 所示。

"设计
小技巧"

图 48-2

② 用"选择工具"选择文字，双击选择框右边的空心小圆圈，它会变为实心小圆点并将文字转换为区域文字，如图 48-3 所示。

③ 按组合键 Ctrl+T，选择"段落"面板，单击右上角的三条横杠按钮，在弹出的快捷菜单中，选择"罗马式悬挂标点"命令，如图 48-4 所示。

④ 对齐有双引号文字的最终效果，如图 48-5 所示。

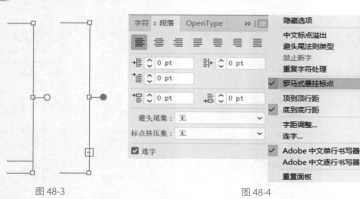

图 48-3 　　　　　　　　　图 48-4 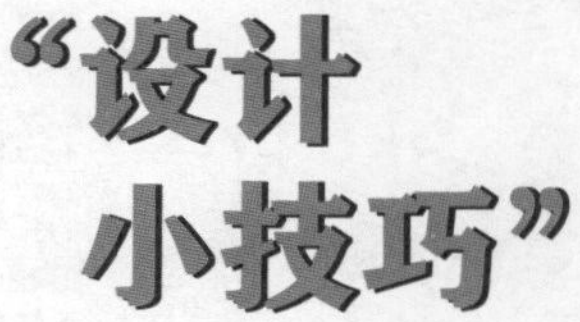 　　　　　　　　　图 48-5

049

快速拆分段落

在设计比较长篇的文字内容时，常需要将一大段文字拆分成多行。下面我们就来学习快速拆分段落文字的方法，如图 49-1 所示。

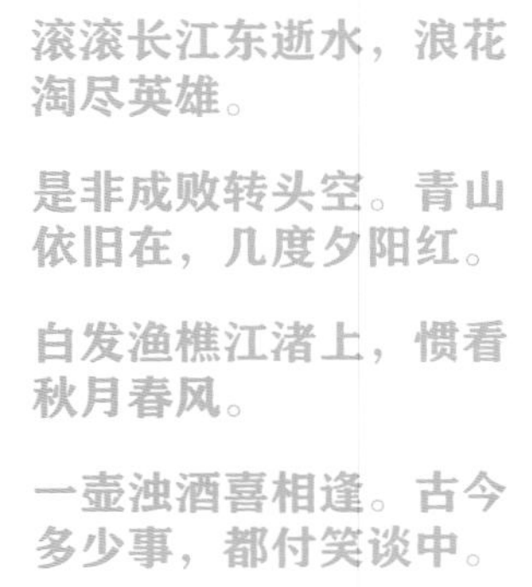

滚滚长江东逝水，浪花淘尽英雄。

是非成败转头空。青山依旧在，几度夕阳红。

白发渔樵江渚上，惯看秋月春风。

一壶浊酒喜相逢。古今多少事，都付笑谈中。

图 49-1

1. 技巧解析

选择文字后，执行"对象">"拼合透明度"命令，然后在文字上单击鼠标右键，在弹出的快捷菜单中，选择"取消编组"命令。

2. 实战：快速拆分段落

实例位置：实例文件 >CH05> 快速拆分段落 .ai

教学视频

制作步骤

①打开 Illustrator 软件，单击"新建"按钮，打开"新建文档"对话框。设置画布尺寸，单击"创建"按钮，新建一个文档。在面板中，输入一段文字，如图 49-2 所示。

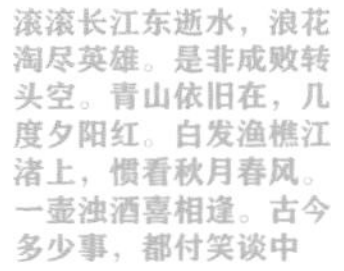

滚滚长江东逝水，浪花淘尽英雄。是非成败转头空。青山依旧在，几度夕阳红。白发渔樵江渚上，惯看秋月春风。一壶浊酒喜相逢。古今多少事，都付笑谈中

图 49-2

②选择文字后，执行"对象">"拼合透明度"命令，打开"拼合透明度"对话框。默认选项，单击"确定"按钮，如图 49-3 所示。

③选中文字，单击鼠标右键，在弹出的快捷菜单中，选择"取消编组"命令，如图 49-4 所示。

④这时就可以将整段文字拆分成多行文字了，在之后的操作中，各段落还可以单独选择并移动，如图 49-5 所示。

图 49-3　　　　图 49-4

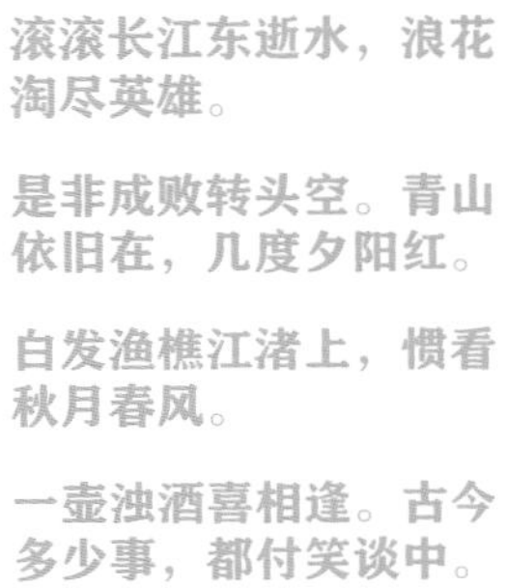

滚滚长江东逝水，浪花淘尽英雄。

是非成败转头空。青山依旧在，几度夕阳红。

白发渔樵江渚上，惯看秋月春风。

一壶浊酒喜相逢。古今多少事，都付笑谈中。

图 49-5

050

输入线框文字

根据作品的需要，在设计中常会用到线框文字。下面我们就来学习如何为文字添加随文字变化的线框，如图 50-1 所示。

自带线框文字!

图 50-1

1. 技巧解析

选择文字后，按组合键 Shift+F5，打开"外观"面板，单击左下角"添加新描边"按钮，执行"效果">"转化为形状">"圆角矩形"命令。

2. 实战：输入线框文字

实例位置：实例文件 >CH05> 输入线框文字 .ai

教学视频

制作步骤

① 打开 Illustrator 软件，单击"新建"按钮，打开"新建文档"对话框。设置画布尺寸，单击"创建"按钮，新建一个文档。在面板中，输入一段文字，如图 50-2 所示。

② 选 择 文 字 后，按 组 合 键 Shift+F5，打开"外观"面板，单击左下角"添加新描边"按钮，如图 50-3 所示。

③ 执行"效果">"转化为形状">"圆角矩形"命令，如图 50-4 所示。

④ 在"形状选项"对话框中，改变描边的宽高参数，单击"确定"按钮，如图 50-5 所示。

⑤ 在"外观"面板中，可以改变描边的颜色，适当调整后，就可以实现随着文字改变的线框，如图 50-6 所示。

图 50-2

图 50-3

图 50-4

形状选项

形状 (S)： 圆角矩形

选项
大小：○绝对 (A) ● 相对 (R)
额外宽度 (E)： 16 px
额外高度 (X)： 14 px

圆角半径 (C)： 19 px

□ 预览 (P)   确定   取消

图 50-5

自带线框文字!

图 50-6

CHAPTER

6

灵活变换对象

051

缩放图形的同时缩放描边

在设计中，为了使画面内容协调，需要用到缩放图形并同时缩放描边的效果。下面就来学习缩放图形和描边的方法，如图51-1所示。

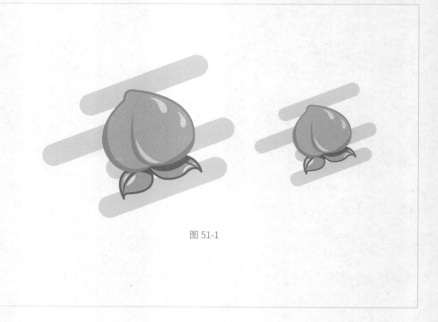

图 51-1

1. 技巧解析

使用"缩放圆角"和"缩放描边和效果"命令。

2. 实战：缩放图形的同时缩放描边

实例位置：实例文件 >CH06> 缩放图形的同时缩放描边 .ai

制作步骤

① 打开 Illustrator 软件，单击"新建"按钮，打开"新建文档"对话框。设置画布尺寸，单击"创建"按钮，新建一个文档。在面板中，绘制一个图案，如图51-2所示。

② 在菜单栏中，执行"编辑">"首选项">"常规"命令，如图51-3所示。

③ 在常规选项中，选中"缩放圆角"和"缩放描边和效果"选项，单击"确定"按钮，如图51-4所示。

④ 设置完成后，就可以缩放图形，同时缩放描边了，如图51-5所示。

图 51-2

图 51-3

图 51-4

图 51-5

052

不影响填充色的同时加粗描边

在设计中，常常需要在不影响填充色的同时改变描边的粗细。下面我们就来学习设置描边的方法，如图 52-1 所示。

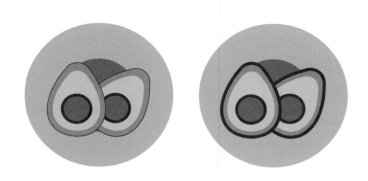

图 52-1

1. 技巧解析

在"描边"面板中，设置描边的粗细。

2. 实战：不影响填充色的同时加粗描边

实例位置：实例文件 >CH06> 不影响填充色的同时加粗描边 .ai

教学视频

制作步骤

① 打开 Illustrator 软件，单击"新建"按钮，打开"新建文档"对话框。设置画布尺寸，单击"创建"按钮，新建一个文档。在面板中，绘制一个图案，如图 52-2 所示。

② 选择要改变描边的图案，在右侧"属性"面板中，找到"描边"工具，改变描边"粗细"的值即可，如图 52-3 所示。

③ 调整细节，最终效果如图 52-4 所示。

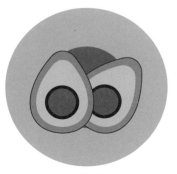

图 52-2

图 52-3

图 52-4

053

只旋转图案
不旋转形状

在设计中，为了体现画面的动感，需要在不旋转画面形状的情况下旋转图案。下面我们来学习只旋转图案的操作方法，如图 53-1 所示。

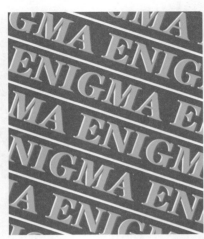

图 53-1

1. 技巧解析

在图案上单击鼠标右键，执行"变换">"旋转"命令，取消选中"变换对象"选项。

2. 实战：只旋转图案不旋转形状

实例位置：实例文件 >CH06> 只旋转图案不旋转形状 .ai

教学视频

制作步骤

① 打开 Illustrator 软件，单击"新建"按钮，打开"新建文档"对话框。设置画布尺寸，单击"创建"按钮，新建一个文档。在面板中，绘制一个图案，如图 53-2 所示。

ENIGMA

图 53-2

② 选择图案，执行"对象">"图案">"建立"命令，默认图案选项，如图 53-3 所示。

③ 单击色板上新建的图案，用"矩形工具"绘制一个矩形，如图 53-4 所示。

图 53-3

图 53-4

④ 在图案上单击鼠标右键，执行"变换">"旋转"命令，在"旋转"对话框中，调整合适的旋转角度，取消选中"变换对象"复选框，选中"预览"复选框，单击"确定"按钮，如图 53-5 所示。

图 53-5

⑤ 调整后的画面中，图案变成倾斜的，效果如图 53-6 所示。

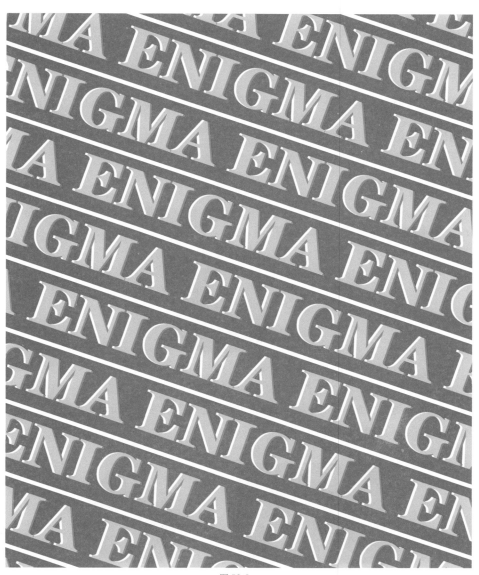

图 53-6

054

画出有笔触感的线条

在设计中，可以通过改变线条的粗细从而让线条有笔触感，不会显得太过死板。下面就来学习画出有笔触的线条的方法，如图 54-1 所示。

图 54-1

1. 技巧解析

用"宽度工具"改变描边的粗细。

2. 实战：画出有笔触感的线条

实例位置：实例文件 >CH06> 画出有笔触感的线条 .ai

教学视频

制作步骤

① 打开 Illustrator 软件，单击"新建"按钮，打开"新建文档"对话框。设置画布尺寸，单击"创建"按钮，新建一个文档。在画板中，绘制一个图案，如图 54-2 所示。

图 54-2

② 按组合键 Shift+W 切换至"宽度工具"，或者在工具栏中找到"宽度工具" ，将鼠标箭头移动至图案的描边上，按住鼠标左键向左或向右拖动就可以改变描边的粗细，如图 54-3 所示。

③ 调整细节，最终效果如图 54-4 所示。

图 54-3

图 54-4

055

用圆形做出一张海报

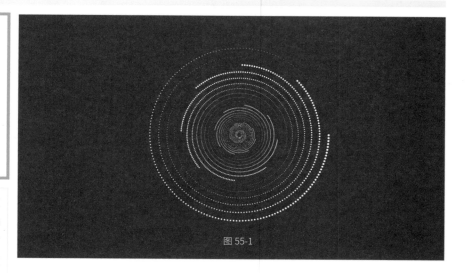

图 55-1

在设计中，可以通过对各种形状的加工制作出精彩的海报画面。下面我们来学习用圆形快速做出一张海报的方法，如图 55-1 所示。

1. 技巧解析

绘制圆形描边，执行"效果">"扭曲和变换">"变换"命令，改变描边的造型。

2. 实战：用圆形做出一张海报

实例位置：实例文件 >CH06> 用圆形做出一张海报 .ai

教学视频

制作步骤

① 打开 Illustrator 软件，单击"新建"按钮，打开"新建文档"对话框。设置画布尺寸，单击"创建"按钮，新建一个文档。填充黑色背景，绘制一个无填充白色描边的圆形，如图 55-2 所示。

② 选择描边，在右侧"属性"面板中找到"描边"工具，改变描边的"粗细"值，选中"虚线"复选框，设置虚线间隔，调整"配置文件"类型，如图 55-3 所示。

图 55-2

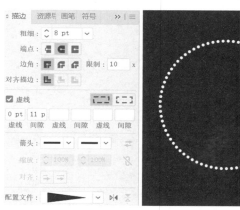

图 55-3

③ 选择描边，执行"效果">"扭曲和变换">"变换"命令，如图 55-4 所示。

④ 在"变换效果"对话框中，调整"缩放"和"旋转"数值，增加"副本"数量，选中"预览"复选框，单击"确定"按钮，如图 55-5 所示。

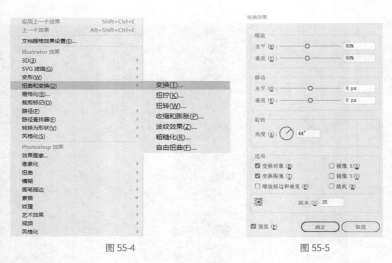

应用上一个效果	Shift+Ctrl+E	
上一个效果	Alt+Shift+Ctrl+E	
文档栅格效果设置(E)...		
Illustrator 效果		
3D(3)	>	
SVG 滤镜(G)	>	
变形(W)	>	
扭曲和变换(D)	>	变换(T)...
栅格化(R)...		扭拧(K)...
裁剪标记(O)		扭转(W)...
路径(P)	>	收缩和膨胀(P)...
路径查找器(F)	>	波纹效果(Z)...
转换为形状(V)	>	粗糙化(R)...
风格化(S)	>	自由扭曲(F)...
Photoshop 效果		
效果画廊...		
像素化	>	
扭曲	>	
模糊	>	
画笔描边	>	
素描	ゥ	
纹理	>	
艺术效果	>	
视频	>	
风格化	>	

变换效果

缩放
水平(H) ——●—— 90%
垂直(V) ——●—— 90%

移动
水平(O) ——●—— 0 px
垂直(R) ——●—— 0 px

旋转
角度(A) 44°

选项
☑ 变换对象(R)   ☐ 镜像 X(X)
☑ 变换图案(T)   ☐ 镜像 Y(Y)
☐ 缩放描边和效果(F) ☐ 随机(R)

副本(S) 35

☑ 预览(P)   确定   取消

图 55-4   图 55-5

⑤ 调整细节，最终效果如图 55-6 所示。

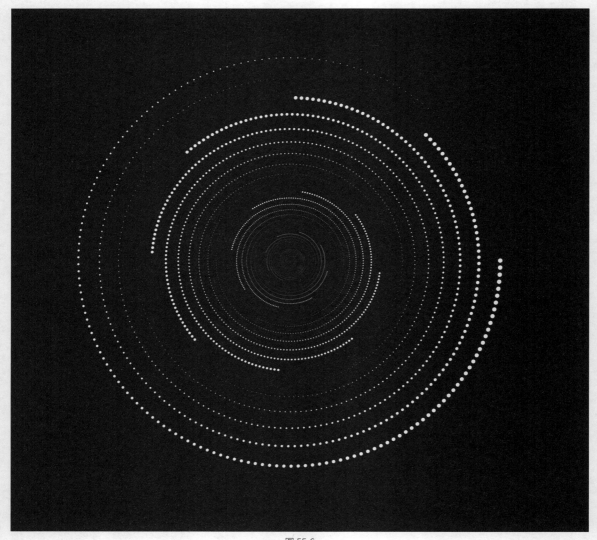

图 55-6

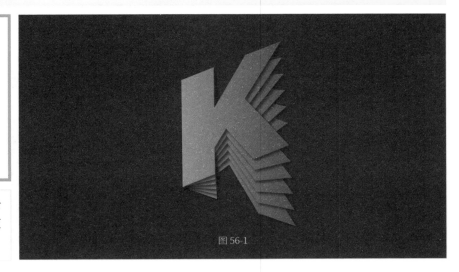

056

制作文字
翻页效果

在设计中,用"混合
工具"可以做出文字翻页
的效果,如图 56-1 所示。

图 56-1

1. 技巧解析

用"混合工具"可以做出文字翻页效果。

2. 实战: 制作文字翻页效果

实例位置: 实例文件 >CH06> 制作文字翻页效果 .ai

教学视频

制作步骤

① 打开 Illustrator 软件,单击"新建"按钮,打开"新建文档"对话框。设置画布尺寸,单击"创建"按钮,新建一个文档。输入一个字母,调整字体,如图 56-2 所示。

图 56-2

② 单击字母,执行"对象">"扩展"命令,将文字变为图形,如图 56-3 所示。

③ 使用"渐变"工具,为字母设置渐变效果,如图 56-4 所示。

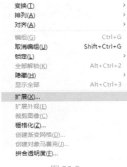

图 56-3

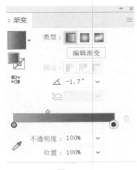

图 56-4

④ 按组合键 Ctrl+C 复制，再按组合键 Ctrl+F 将图形粘贴到原位置，用"倾斜工具"将顶层字母向上倾斜，底层字母向下倾斜，如图 56-5 所示。

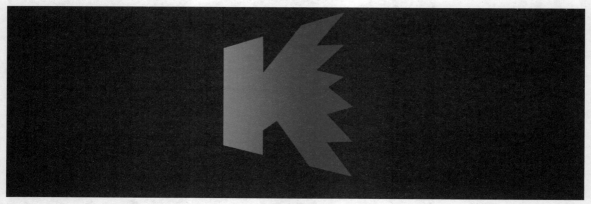

图 56-5

⑤ 全选两个字母，按组合键 Ctrl+Alt+B 混合，在"混合选项"对话框中，将"间距"设置为"指定的步数"，职位设置为 4，单击"确定"按钮，如图 56-6 所示。

⑥ 全选图形，执行"对象">"扩展"命令，在图形上单击鼠标右键，在弹出的快捷菜单中，选择"取消编组"命令，如图 56-7 所示。

⑦ 全选图形，执行"效果">"风格化">"投影"命令，默认投影数值，如图 56-8 所示。

图 56-6　　　　　　　　　　　图 56-7　　　　　　　　　　　图 56-8

⑧ 调整图案细节，最终效果如图 56-9 所示。

图 56-9

057

制作无限循环图形

在设计中，使用效果中的收缩与膨胀工具，可以做出无限循环的图形，如图 57-1 所示。

图 57-1

1. 技巧解析

绘制一个网格，执行"效果" > "扭曲与变换" > "收缩与膨胀"命令。

2. 实战：制作无限循环图形

实例位置：实例文件 >CH06> 制作无限循环图形 .ai

教学视频

制作步骤

① 打开 Illustrator 软件，单击"新建"按钮，打开"新建文档"对话框。设置画布尺寸，单击"创建"按钮，新建一个文档。填充背景色，用"矩形工具"绘制一个无填充白色描线的矩形，如图 57-2 所示。

② 选择矩形，执行"对象" > "路径" > "分割为网格"命令，如图 57-3 所示。

③ 在"分割为网格"对话框中，调整"行"和"列"的数值，选中"预览"复选框，单击"确定"按钮，如图 57-4 所示。

图 57-2

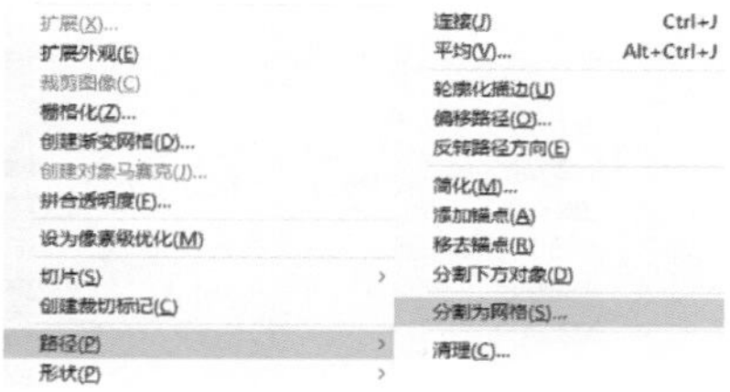

图 57-3

图 57-4

④ 选择网格并执行"效果" > "扭曲与变换" > "收缩与膨胀"命令，如图 57-5 所示。

⑤ 在"收缩和膨胀"对话框中，调整收缩和膨胀的数值，选中"预览"复选框，单击"确定"按钮，如图 57-6 所示。

⑥ 最终效果，如图 57-7 所示。

图 57-5

图 57-6

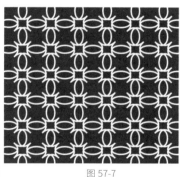

图 57-7

058

制作线条起伏效果

在设计中,用封装扭曲工具,可以制作出线条起伏的效果,如图 58-1 所示。

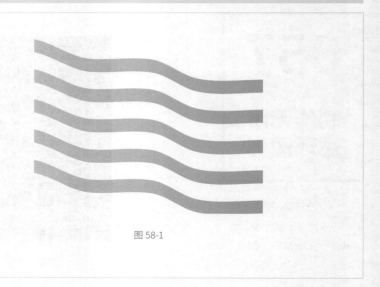

图 58-1

1. 技巧解析

绘制线条,执行"对象">"封装扭曲">"用网格建立"命令,用"直接选择工具"做出起伏效果。

2. 实战:制作线条起伏效果

实例位置:实例文件 >CH06> 制作线条起伏效果 .ai

教学视频

制作步骤

1️⃣ 打开 Illustrator 软件,单击"新建"按钮,打开"新建文档"对话框。设置画布尺寸,单击"创建"按钮,新建一个文档,绘制一个渐变矩形,如图 58-2 所示。

2️⃣ 复制一个矩形,移动到下方,如图 58-3 所示。

3️⃣ 全选两个矩形,按组合键 Ctrl+Alt+B 混合矩形,在"混合选项"对话框中,将"间距"设置为"指定的步数",数值设置为 3,单击"确定"按钮,如图 58-4 所示。

4️⃣ 全选图形,执行"对象">"封装扭曲">"用网格建立"命令,如图 58-5 所示。

5️⃣ 在"重置封套网格"对话框中,调整"行数"和"列数"的数值,单击"确定"按钮,如图 58-6 所示。

6️⃣ 最后,用"直接选择工具"对图形进行拖动,效果如图 58-7 所示。

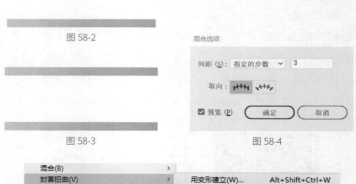

图 58-2

图 58-3

图 58-4

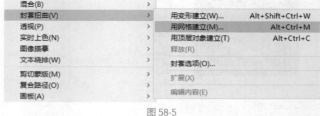

图 58-5

图 58-6

图 58-7

059

制作扭转
渐变数字

在设计中，用"形状
生成器工具"可以制作出
扭曲渐变的数字效果，
如图 59-1 所示。

图 59-1

1. 技巧解析

使用"形状生成器工具"，可以制作出扭曲渐变的数字效果。

2. 实战：制作扭转渐变数字

实例位置：实例文件 >CH06> 制作扭转渐变数字 .ai

教学视频

制作步骤

①打开 Illustrator 软件，单击"新建"按钮，打开"新建文档"对话框。设置画布尺寸，单击"创建"按钮，新建一个文档。使用"椭圆工具"，按住 Shift 键，绘制一个无描边、无填充的圆形，如图 59-2 所示。

②按组合键 Ctrl+C 复制，再按组合键 Ctrl+F 将圆粘贴在原位，按住 Shift+Alt 键将其等比缩小，如图 59-3 所示。

图 59-2   图 59-3

③接着复制 3 个圆，使 3 个新复制的圆的边分别与外围大圆和中间小圆的左边、下边、上边相交，如图 59-4 所示。

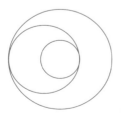 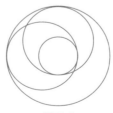 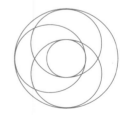

图 59-4

④ 全选图案，按组合键 Ctrl+C 复制，再按组合键 Ctrl+F 将圆粘贴在原位，向下移动复制的图案，直至如图 59-5 所示。

⑤ 全选下边的圆，单击鼠标右键，执行"变换">"镜像"命令，如图 59-6 所示。

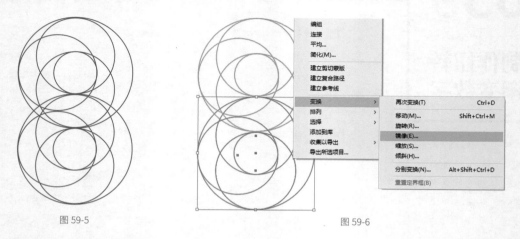

图 59-5

图 59-6

⑥ 在"镜像"对话框，选择"垂直"单选项，选中"预览"复选框，单击"确定"按钮，如图 59-7 所示。

图 59-7

⑦ 全选图案，按组合键 Shift+M 切换至"形状生成器工具"，划分形状，如图 59-8 所示。

⑧ 再给每个形状添加渐变色，按 G 键调整渐变色的方向，最终效果如图 59-9 所示。

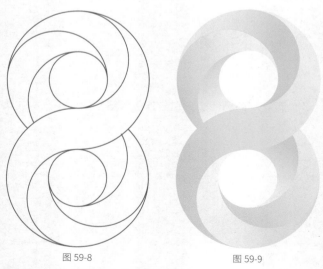

图 59-8

图 59-9

060

制作马赛克效果图像

在设计中，可以制作马赛克效果的图像来丰富画面，如图 60-1 所示。

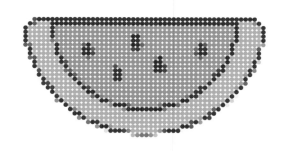

图 60-1

1. 技巧解析

本效果需要执行"对象">"创建马赛克对象"命令。

2. 实战：制作马赛克效果图像

实例位置：实例文件 >CH06> 制作马赛克效果图像 .ai

教学视频

制作步骤

① 打开 Illustrator 软件，单击"新建"按钮，打开"新建文档"对话框。设置画布尺寸，单击"创建"按钮，新建一个文档。在面板中，拖入一个位图，如图 60-2 所示。

② 选择位图，执行"对象">"创建对象马赛克"命令，如图 60-3 所示。

③ 在弹出的"创建对象马赛克"对话框中，设置"拼贴数量"的"宽度"为 60，选择"使用比率"，单击"确定"按钮，如图 60-4 所示。

图 60-2

图 60-3

图 60-4

④ 用"直接选择工具"全选图案，将边角调到最大，如图 60-5 所示。

图 60-5

⑤ 在图层中将原位图设置为不可见，如图 60-6 所示。

图 60-6

⑥ 最终效果，如图 60-7 所示。

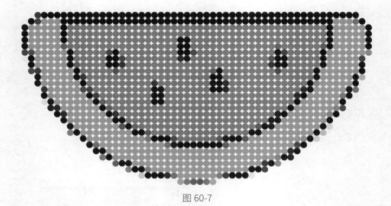

图 60-7

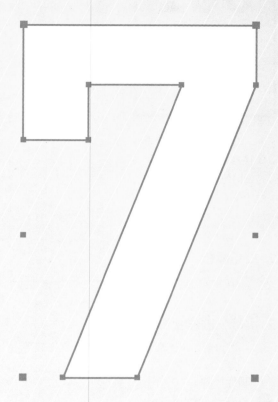

CHAPTER

封套与网格的妙用

061

制作变形文字

在设计中，有时需要快速制作出某一形状范围内的变形文字，如图61-1所示。

图 61-1

1. 技巧解析

选中文字和图形，执行"对象">"封套扭曲">"用顶层对象建立"命令。

2. 实战：制作变形文字

实例位置：实例文件 >CH07> 制作变形文字 .ai

教学视频

制作步骤

① 打开Illustrator软件，单击"新建"按钮，打开"新建文档"对话框。设置画布尺寸，单击"创建"按钮，新建一个文档。输入一行文字并复制多行，如图 61-2 所示。

② 用"椭圆工具"，按住 Shift 键，绘制一个圆形，如图 61-3 所示。

③ 选中文字和圆形，执行"对象">"封套扭曲">"用顶层对象建立"命令，如图 61-4 所示。

④ 选中图形，执行"对象">"拓展"命令，为文字设置渐变色填充，如图 61-5 所示。

图 61-2

图 61-3

图 61-4

图 61-5

062

制作镂空立体字

在设计中,有时需要制作镂空字体来装饰海报,如图 62-1 所示。

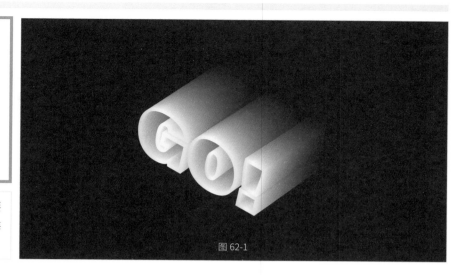

图 62-1

1. 技巧解析

先使用 3D 效果中的"凸出和斜角"命令使文字变得立体,再用"混合工具"命令混合两个文字的描边。

2. 实战:制作镂空立体字

实例位置:实例文件 >CH07> 制作镂空立体字 .ai

教学视频

制作步骤

① 打开 Illustrator 软件,单击"新建"按钮,打开"新建文档"对话框。设置画布尺寸,单击"创建"按钮,新建一个文档。填充背景,输入文字,如图 62-2 所示。

图 62-2

② 用"选择工具"选中文字,执行"效果"> 3D >"凸出和斜角"命令,如图 62-3 所示。打开"3D 凸出和斜角选项"对话框,将"凸出厚度"改为 0pt,单击"确定"按钮,如图 62-4 所示。

③ 用"选择工具"选中文字,执行"对象">"扩展外观"命令,将文字取消填充色,然后统一描边色与背景底色,再将文字复制一份,将复制文字的描边设置为渐变色,如图 62-5 所示。

④ 双击"混合工具",将"间距"设置为"指定的步数",数值为 300,单击"确定"按钮,如图 62-6 所示。

⑤ 全选文字,按组合键 Ctrl+Alt+B,混合两个文字的描边,如图 62-7 所示。

Illustrator 效果

3D(3)	>	凸出和斜角(E)...
SVG 滤镜(G)	>	绕转(R)...
变形(W)	>	旋转(O)...

图 62-3

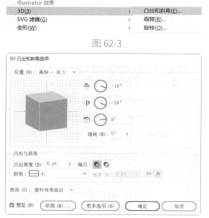

图 62-4

图 62-5

混合选项

间距 (S):指定的步数 ∨ 300

取向: [图标] [图标]

□ 预览 (P)   确定   取消

图 62-6

图 62-7

063

制作文字嵌入效果

在一些广告设计中，常常需要制作文字嵌入产品图形的效果，如图 63-1 所示。

Coffee is a drink made **from roasted and** ground coffee beans. As one of the three major drinks in the world, it is the main drink popular in the world together with cocoa and tea.

图 63-1

1. 技巧解析

使用封套扭曲功能，将文字嵌入图形中。

2. 实战：制作文字嵌入效果

实例位置：实例文件 >CH07> 制作文字嵌入效果 .ai

教学视频

制作步骤

① 打开 Illustrator 软件，单击"新建"按钮，打开"新建文档"对话框。设置画布尺寸，单击"创建"按钮，新建一个文档。输入一段文字，如图 63-2 所示。

② 绘制一个图形并将图形置于顶层，如图 63-3 所示。

③ 选中文字，执行"对象">"扩展"命令，并为文字改变填充色，如图 63-4 所示。

④ 选择文字和图形，按组合键 Ctrl+Alt+C，将文字嵌入图形中，如图 63-5 所示。

Coffee is a drink made from roasted and ground coffee beans. As one of the three major drinks in the world, it is the main drink popular in the world together with cocoa and tea.

图 63-2

图 63-3

Coffee is a drink made from roasted and ground coffee beans. As one of the three major drinks in the world, it is the main drink popular in the world together with cocoa and tea.

图 63-4

Coffee is a drink made **from roasted and** ground coffee beans. As one of the three major drinks in the world, it is the main drink popular in the world together with cocoa and tea.

图 63-5

"088 简化设计：Illustrator 实用技术与商业实战 108 例"

064

制作流体炫彩渐变效果

在设计中,有时可能需要制作流体炫彩渐变效果来装饰海报,如图64-1所示。

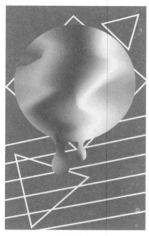

图 64-1

1. 技巧解析

运用"网格工具",绘制炫彩渐变效果。

2. 实战:制作流体炫彩渐变效果

实例位置:实例文件 >CH07> 制作流体炫彩渐变效果 .ai

教学视频

制作步骤

① 打开 Illustrator 软件,单击"新建"按钮,打开"新建文档"对话框。设置画布尺寸,单击"创建"按钮,新建一个文档。用"矩形工具"绘制一个紫色无描边的矩形,如图 64-2 所示。

图 64-2

② 按 U 键,使用"网格工具"为矩形添加渐变色,如图 64-3 所示。

③ 使用"直接选择工具"调整渐变色的位置和形状,如图 64-4 所示。

图 64-3

图 64-4

④ 使用"钢笔工具"绘制一个图案，如图 64-5 所示。

⑤ 将图形置于渐变矩形的上方，并全选图形和渐变图案，单击鼠标右键，在弹出的快捷菜单中选择"建立剪切模板"命令，如图 64-6 所示。

图 64-5　　　　　　　　　　　　　图 64-6

⑥ 最后，添加背景和图案，效果如图 64-7 所示。

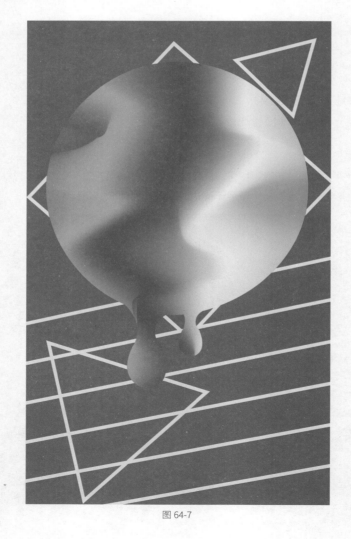

图 64-7

065

制作连续花纹图案

在设计中,可以用收缩与膨胀工具做出连续花纹图案,如图 65-1 所示。

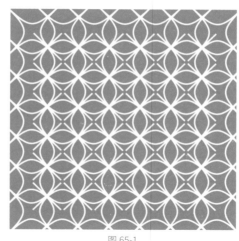

图 65-1

1. 技巧解析

绘制一个网格,执行"效果">"扭曲和变换">"收缩和膨胀"命令。

2. 实战:制作连续花纹图案

实例位置:实例文件 >CH07> 制作连续花纹图案 .ai

教学视频

制作步骤

① 打开 Illustrator 软件,单击"新建"按钮,打开"新建文档"对话框。设置画布尺寸,单击"创建"按钮,新建一个文档。填充背景,用"矩形工具"绘制一个无填充白色描边的矩形,如图 65-2 所示。

② 选择矩形,执行"对象">"路径">"分割为网格"命令,如图 65-3 所示。

③ 在"分割为网格"对话框,调整"行"和"列"的数值,选中"预览"复选框,单击"确定"按钮,如图 65-4 所示。

④ 选择网格,执行"效果">"扭曲和变换">"收缩和膨胀"命令,如图 65-5 所示。

⑤ 在"收缩和膨胀"对话框中,调整收缩和膨胀的数值,选中"预览"复选框,如图 65-6 所示。

⑥ 最终效果,如图 65-7 所示。

图 65-2

图 65-4

图 65-6

图 65-3

图 65-5

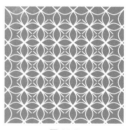

图 65-7

066

制作透视网格背景

在设计中，用 3D 效果可以制作出透视网格背景，如图 66-1 所示。

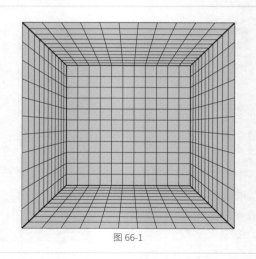

图 66-1

1. 技巧解析

本案例用 3D 效果制作出透视网格背景。

2. 实战：制作透视网格背景

实例位置：实例文件 >CH07> 制作透视网格背景 .ai

教学视频

制作步骤

①打开 Illustrator 软件，单击"新建"按钮，打开"新建文档"对话框。设置画布尺寸，单击"创建"按钮，新建一个文档。填充背景色，双击"矩形网格工具"，设置水平和垂直分隔线，绘制一个 10×10 的网格，如图 66-2 和图 66-3 所示。

②将网格拖入"符号"面板，如图 66-4 所示。

③在弹出的"符号选项"对话框，设置"导出类型"为"图形"，"符号类型"为"静态符号"，单击"确定"按钮，如图 66-5 所示。

图 66-4

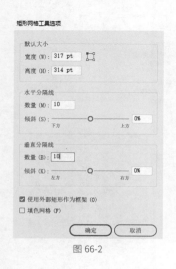

图 66-2

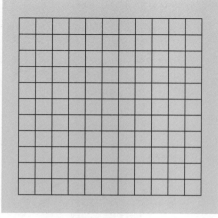

图 66-3

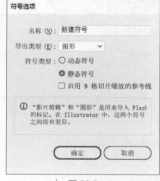

图 66-5

④ 用"矩形工具"绘制一个正方形，如图 66-6 所示。

图 66-6

⑤ 选择正方形，执行"效果">3D>"凸出和斜角"命令，如图 66-7 所示。

⑥ 在"3D 凸出和斜角选项"对话框中，设置"位置"为"前方"，将"透视"设置为最大值，适当调整"凸出厚度"数值，设置"表面"为"线框"，选中"预览"复选框，单击"贴图"按钮，如图 66-8 所示。

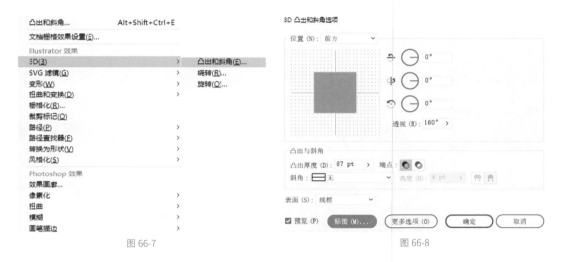

图 66-7

图 66-8

⑦ 在"贴图"面板，给除了第一个面之外的所有表面设置"符号"为之前新建的网格，并单击"缩放以适合"按钮，选中"预览"复选框。设置完 6 面后，单击"确定"按钮，如图 66-9～图 66-14 所示。

图 66-9

图 66-10

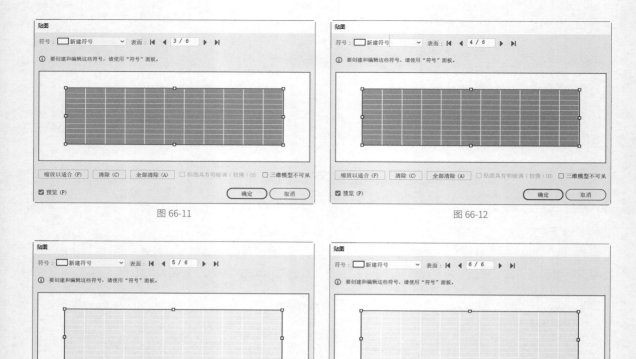

图 66-11

图 66-12

图 66-13

图 66-14

⑧ 回到 "3D 凸出和斜角选项" 对话框，单击 "确定" 按钮，最终效果如图 66-15 所示。

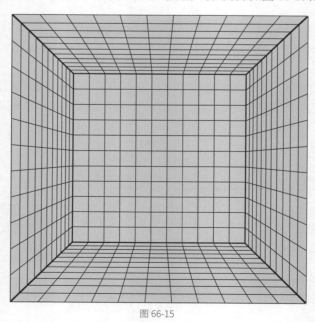

图 66-15

067

制作扭曲变形网格效果

在设计中，为图案建立封套网格，可以制作扭曲变形的网格效果，如图 67-1 所示。

图 67-1

1. 技巧解析

为图案建立封套网格并扭曲，然后绘制图形并建立剪切蒙版。

2. 实战：制作扭曲变形网格效果

实例位置：实例文件 >CH07> 制作扭曲变形网格效果 .ai

教学视频

制作步骤

① 打开 Illustrator 软件，单击"新建"按钮，打开"新建文档"对话框。设置画布尺寸，单击"创建"按钮，新建一个文档。填充背景色，双击"矩形网格工具"，设置水平和垂直分隔线，绘制一个 10×10 的网格，如图 67-2 所示。

② 全选网格，按 E 键，在弹出的工具栏中，选择"透视扭曲工具"，如图 67-3 所示。调整网格的透视效果，如图 67-4 所示。

③ 选中网格，按组合键 Ctrl+Alt+M，打开"封套网格"对话框，调整封套网格的"行数"和"列数"，选中"预览"复选框，单击"确定"按钮，如图 67-5 所示。

④ 用"直接选择工具"移动锚点，制作扭曲变形网格效果，如图 67-6 所示。

⑤ 使用"椭圆工具"，按住 Shift 键，在网格上方绘制一个圆形。全选圆形和网格，单击鼠标右键，在弹出的快捷菜单中，选择"建立剪切蒙版"命令，效果如图 67-7 所示。

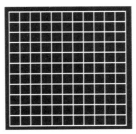

图 67-2

图 67-3

图 67-4

封套网格

网格

行数（R）: ⌃ 5

列数（C）: ⌃ 5

☑ 预览（P）　　确定　　取消

图 67-5

图 67-6

图 67-7

068

制作笔记本网格

在设计中，有时需要制作格子状的图案，如笔记本的网格等，如图 68-1 所示。

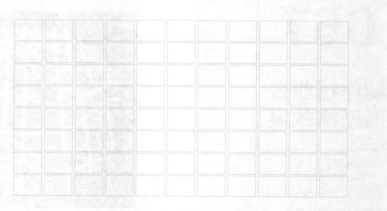

图 68-1

1. 技巧解析

使用"矩形工具"绘制一个矩形，执行"对象">"路径">"分割为网格"命令。

2. 实战：制作笔记本网格

实例位置：实例文件 >CH07> 制作笔记本网格 .ai

教学视频

制作步骤

1️⃣ 打开 Illustrator 软件，单击"新建"按钮，打开"新建文档"对话框。设置画布尺寸，单击"创建"按钮，新建一个文档。用"矩形工具"绘制一个矩形，如图 68-2 所示。

2️⃣ 选中矩形，执行"对象">"路径">"分割为网格"命令，如图 68-3 所示。

图 68-2

图 68-3

3️⃣ 在"分割为网格"对话框，调整行数、列数、间隔等数值，选中"预览"复选框，如图 68-4 所示。

4️⃣ 设置完成的笔记本网格效果，如图 68-5 所示。

图 68-4

图 68-5

069

制作经纬线球体

在设计中，可以使用 3D效果制作经纬线球体，如图 69-1 所示。

图 69-1

1. 技巧解析

通过执行"效果"> 3D >"旋转"命令，制作经纬线球体。

2. 实战：制作经纬线球体

实例位置：实例文件 >CH07> 制作经纬线球体 .ai

教学视频

制作步骤

① 打开 Illustrator 软件，单击"新建"按钮，打开"新建文档"对话框。设置画布尺寸，单击"创建"按钮，新建一个文档。使用"矩形网格工具"，绘制一个 10×10 的网格，如图 69-2 所示。

② 将网格拖入"符号"面板，新建一个图形符号，如图 69-3 所示。

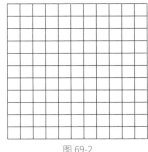

图 69-2

图 69-3

③ 绘制一个颜色较亮的半圆，如图 69-4 所示。

图 69-4

④ 选中半圆，执行"效果">3D>"绕转"命令，如图 69-5 所示。

⑤ 将表面设置为"无底纹"，如图 69-6 所示。

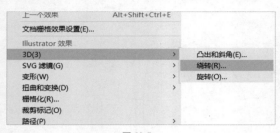

图 69-5

图 69-6

⑥ 单击贴图，符号选择"新建符号"，单击"缩放以适合"按钮，选中"预览"复选框，如图 69-7 所示。

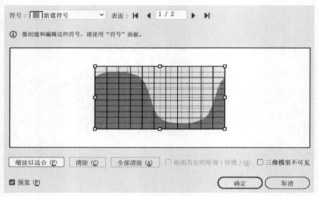

图 69-7

⑦ 调整球体颜色，效果如图 69-8 所示。

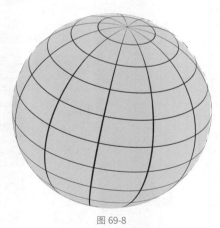

图 69-8

070

制作科技感线条图案

在设计中,可以使用封套扭曲制作具有科技感的线条图案,如图 70-1 所示。

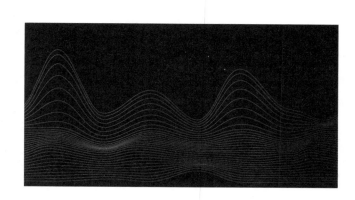

图 70-1

1. 技巧解析

使用"封套扭曲"功能,制作科技感线条图案。

2. 实战:制作科技感线条图案

实例位置:实例文件 >CH07> 制作科技感线条图案 .ai

教学视频

制作步骤

① 打开 Illustrator 软件,单击"新建"按钮,打开"新建文档"对话框。设置画布尺寸,单击"创建"按钮,新建一个文档。在画板中,绘制一条直线,如图 70-2 所示。

图 70-2

② 选中线条,执行"效果">"扭曲和变换">"变换"命令,如图 70-3 所示。

③ 在"变换"对话框,将"移动"中的"垂直"调整为 10px,"副本"为 30,选中"预览"复选框,如图 70-4 所示。

④ 选中线条,执行"对象">"封套扭曲">"用网格建立"命令,如图 70-5 所示。

图 70-3

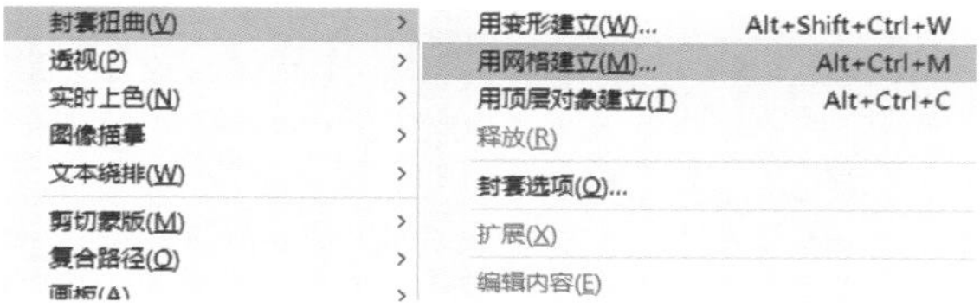

图 70-5

图 70-4

⑤ 按 U 键，使用"网格工具"添加行和列，然后使用"直接选择工具"调整线条的位置，如图 70-6 所示。

图 70-6

⑥ 最后，为线条添加渐变色，如图 70-7 所示。

图 70-7

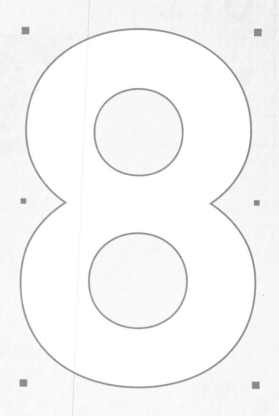

CHAPTER

8

神奇的效果

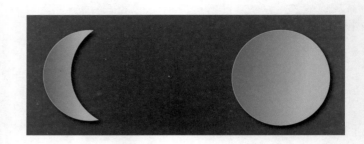

071

制作相同
图案效果

在设计中，常常需要
制作几个相同效果的图
案，如图 71-1 所示。

图 71-1

1. 技巧解析

单击想要复制的图案，按组合键 Shift+F6 打开"外观"面板，将"外观"拖到被复制的图案上，就可以获
得相同效果。

2. 实战：制作相同图案效果

实例位置：实例文件 >CH08> 制作相同图案效果 .ai

教学视频

制作步骤

(1) 打开 Illustrator 软件，单击"新建"按钮，打开"新建文档"对话框。设置画布尺寸，单击"创建"按钮，
新建一个文档。在画板中，绘制一个带有阴影的图案，如图 71-2 所示。

(2) 选中图案，按组合键 Shift+F6，打开"外观"面板，如图 71-3 所示。

图 71-2   图 71-3

(3) 绘制另一个图案，如图 71-4 所示。

(4) 将"外观"面板中之前建立的图案拖曳至新绘制的图案上，如图 71-5 所示。

(5) 设置完成的效果，如图 71-6 所示。

图 71-4   图 71-5   图 71-6

072

制作无限循环图形效果

在设计中，可以制作无限循环的图形效果，如图 72-1 所示。

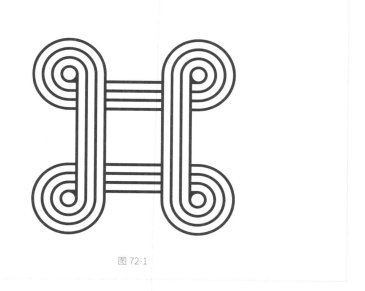

图 72-1

1. 技巧解析

先用"混合工具"绘制圆形，复制变换后，用"形状生成工具"绘制循环图案。

2. 实战：制作无限循环图形效果

实例位置：实例文件 >CH08> 制作无限循环图形效果 .ai

教学视频

制作步骤

① 打开 Illustrator 软件，单击"新建"按钮，打开"新建文档"对话框。设置画布尺寸，单击"创建"按钮，新建一个文档。用"椭圆工具"绘制一个半径为 55 的圆形，取消填充，将描边"粗细"设置为 10，如图 72-2 所示。

② 按组合键 Ctrl+C 复制，然后按组合键 Ctrl+F 原位粘贴，设置"半径"为 255，双击"混合工具"，设置"指定的步数"为 2，按组合键 Ctrl+Alt+B 混合图形，如图 72-3 所示。

③ 在最小圆形下边绘制一条直线，按组合键 Ctrl+C 复制，然后按组合键 Ctrl+F 粘贴并移动到最大的圆下方，按组合键 Ctrl+Alt+B 混合图形，如图 72-4 所示。

④ 将圆形和线段选中，执行"对象">"扩展外观"命令，选择"形状生成工具"，按住 Alt 键，删去不需要的线段，如图 72-5 所示。

⑤ 复制直线，旋转 90°，选择"形状生成工具"，按住 Alt 键，删去不需要的线段，如图 72-6 所示。

⑥ 最后，选择图形，进行复制、旋转、移动操作，组成一个循环图案，如图 72-7 所示。

图 72-2　　图 72-3　　图 72-4

图 72-5　　　　　　图 72-6

图 72-7

073

制作可爱的毛绒效果

在设计中，可以为画面中的图形制作可爱的毛绒效果，如图 73-1 所示。

图 73-1

1. 技巧解析

运用"扭曲与变换"中的"粗糙化"与"收缩和膨胀"工具，制作出毛绒效果。

2. 实战：制作可爱的毛绒效果

实例位置：实例文件 >CH08> 制作可爱的毛绒效果 .ai

教学视频

制作步骤

① 打开 Illustrator 软件，单击"新建"按钮，打开"新建文档"对话框。设置画布尺寸，单击"创建"按钮，新建一个文档。用"椭圆工具"和"渐变工具"绘制一大一小两个渐变圆形，如图 73-2 所示。

② 选中两个圆形，按组合键 Ctrl+Alt+B 混合两个图形，双击"混合工具"，将"指定的步数"调成 100，效果如图 73-3 所示。

③ 绘制一个曲线，全选曲线和图形，执行"对象">"混合">"替换混合轴"命令，如图 73-4 和图 73-5 所示。

④ 单击替换后的图形，执行"效果">"扭曲与变换">"粗糙化"命令，在"粗糙化"对话框中，将"细节"拉到最大，如图 73-6 所示。

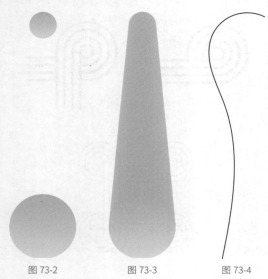

图 73-2   图 73-3   图 73-4

图 73-5

⑤ 执行"效果">"扭曲与变换">"收缩和膨胀"命令,在"收缩和膨胀"对话框中,将数值调整到-10%,如图73-7所示。

⑥ 最终效果,如图73-8所示。

粗糙化

选项

大小 (S):—○————————— 5%

　　　● 相对 (R)　○ 绝对 (A)

细节 (D):———————————○ 100 / 英寸

点

　　　○ 平滑 (M)　● 尖锐 (N)

☑ 预览 (P)　　　　　(确定)　(取消)

图 73-6

收缩和膨胀

　　　　　　　　　○　　　　　　　-10%

收缩　　　　　　　　　　　　膨胀

☑ 预览 (P)　　　　　(确定)　(取消)

图 73-7

图 73-8

074

制作炫酷彩色线团

在设计中,可以通过制作炫酷彩色线团效果丰富画面,如图74-1所示。

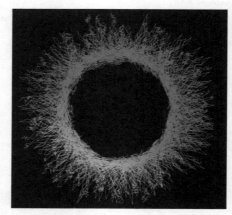

图 74-1

1. 技巧解析

运用"扭曲与变换"中的"粗糙化"和"波纹效果"工具,制作出线团效果。

2. 实战:制作炫酷彩色线团

实例位置:实例文件 >CH08> 制作炫酷彩色线团 .ai

教学视频

制作步骤

1. 打开 Illustrator 软件,单击"新建"按钮,打开"新建文档"对话框。设置画布尺寸,单击"创建"按钮,新建一个文档。用"椭圆工具",按住 Shift 键,绘制一个圆形,如图 74-2 所示。

2. 选中圆形,按组合键 Ctrl+C 复制,然后按组合键 Ctrl+F 将圆形粘贴到原位,按住 Alt+Shift 键将其缩小,如图 74-3 所示。

图 74-2

图 74-3

3. 双击"混合工具",将"指定的步数"设置为8,全选两个圆形,并按组合键 Ctrl+Alt+B 混合图形,效果如图 74-4 所示。

4. 单击图案,执行"效果">"扭曲与变换">"粗糙化"命令,设置"大小"和"细节"参数,如图 74-5 所示。

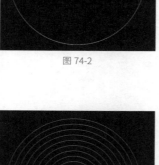

图 74-4

图 74-5

⑤ 再执行"效果">"扭曲与变换">"波纹效果"命令，设置"大小"和"每段的隆起数"参数，如图 74-6 所示。

⑥ 选择图案，执行"对象">"扩展外观"命令，如图 74-7 所示。

图 74-6   图 74-7

⑦ 选择"膨胀工具"，单击图案，调整出适当效果，如图 74-8 所示。

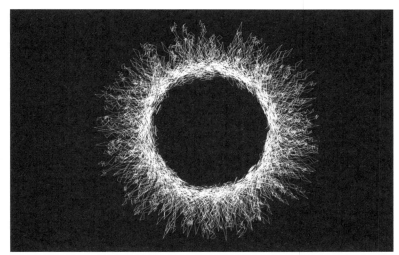

图 74-8

⑧ 最后，为图案描边并添加渐变效果，如图 74-9 所示。

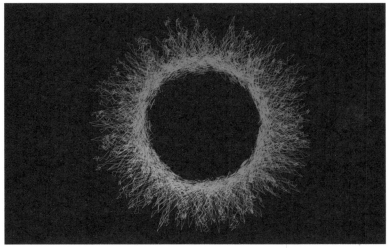

图 74-9

075

制作 3D 彩条球体效果

在设计中，可以通过 3D 效果工具制作出 3D 彩条球体效果，如图 75-1 所示。

图 75-1

1. 技巧解析

绘制多个彩色条形，拖入"符号"面板中，再绘制半圆，用 3D 效果制作出 3D 彩条球体。

2. 实战：制作 3D 彩条球体效果

实例位置：实例文件 >CH08> 制作 3D 彩条球体效果 .ai

教学视频

制作步骤

① 打开 Illustrator 软件，单击"新建"按钮，打开"新建文档"对话框。设置画布尺寸，单击"创建"按钮，新建一个文档。使用"矩形工具"绘制一个黄色无描边的矩形，如图 75-2 所示。

② 选中矩形，按组合键 Ctrl+C 复制，再按组合键 Ctrl+F 粘贴矩形，将复制的矩形下移，得到两个矩形，如图 75-3 所示。

③ 双击"混合工具"，将"指定的步数"设置为 5，全选两个圆形，并按组合键 Ctrl+Alt+B 混合图形，如图 75-4 所示。

④ 将矩形阵列拖入"符号"面板中，如图 75-5 所示。

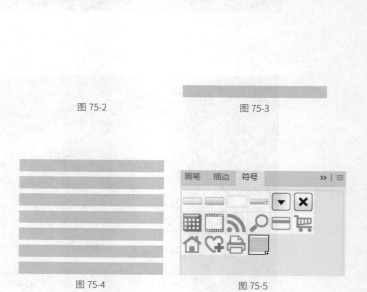

图 75-2　　　　　　　图 75-3

图 75-4　　　　　　　图 75-5

⑤ 绘制一个半圆，执行"效果" > 3D > "绕转"命令，如图 75-6 所示。

图 75-6

⑥ 单击贴图，在"符号"中单击新绘制的矩形，单击"缩放以适合"按钮，如图 75-7 所示。

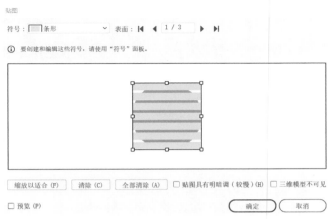

图 75-7

⑦ 最后，调整球体表面效果，如图 75-8 所示。

图 75-8

076

制作 3D 绕转文字

在设计中, 常会将文字的形态进行变形处理, 如制作 3D 绕转文字, 如图 76-1 所示。

图 76-1

1. 技巧解析

输入一段文字，用 Illustrator 中内置的 3D 模式，将文字替换成贴图。

2. 实战：制作 3D 绕转文字

实例位置：实例文件 >CH08> 制作 3D 绕转文字 .ai

教学视频

制作步骤

① 打开 Illustrator 软件，单击"新建"按钮，打开"新建文档"对话框。设置画布尺寸，单击"创建"按钮，新建一个文档。输入一段文字并旋转，如图 76-2 所示。

② 将文字拖入 "字符" 面板，创建静态符号，如图 76-3 所示。

③ 绘制一个椭圆，执行"效果" > 3D > "凸出和斜角"命令，将"凸出厚度"设置为 700pt，如图 76-4 所示。

图 76-2

图 76-3

④ 选择第 3 个表面，单击贴图，在"符号"中选择刚才的文字，单击"缩放以适合"按钮，最后选中"三维模型不可见"复选框，如图 76-5 所示。

⑤ 全选图案，执行"对象" > "扩展"命令，更改颜色，如图 76-6 所示。

图 76-4

图 76-5

图 76-6

077

制作文字环绕效果

在设计中,为了让文字效果更加惊艳,可制作文字环绕效果,如图 77-1所示。

图 77-1

1. 技巧解析

设计一段文字,使用 3D 模式将文字替换成贴图。

2. 实战:制作文字环绕效果

实例位置:实例文件 >CH08> 制作文字环绕效果 .ai

教学视频

制作步骤

①打开 Illustrator 软件,单击"新建"按钮,打开"新建文档"对话框。设置画布尺寸,单击"创建"按钮,新建一个文档。设计一段文字,如图 77-2 所示。

图 77-2

②将文字拖入"符号"面板中,如图 77-3 所示。

③绘制一个圆形,执行"效果" > 3D > "凸出和斜角"命令,如图 77-4 所示。

④单击贴图,选择最后一个表面,在"符号"中选择刚才的文字符号,单击"缩放以适合"按钮,选中"三维模型不可见"复选框,如图 77-5 所示。

⑤调整三维模型的角度,最终效果如图 77-6 所示。

图 77-3

图 77-4

图 77-5

图 77-6

078

制作 3D 绕转点球体图形

在设计中，可制作 3D 绕转点球体图形，以创造画面的立体效果，如图 78-1 所示。

图 78-1

1. 技巧解析

绘制一个图形，使用 3D 模式将图形替换成贴图。

2. 实战：制作 3D 绕转点球体图形

实例位置：实例文件 >CH08> 制作 3D 绕转点球体图形 .ai

制作步骤

① 打开 Illustrator 软件，单击"新建"按钮，打开"新建文档"对话框。设置画布尺寸，单击"创建"按钮，新建一个文档。使用"椭圆工具"，按住 Shift 键，绘制一个渐变圆形，如图 78-2 所示。

② 执行"效果" > "像素化" > "色彩半调"命令，将像素调整为 15，区域通道调整为 0，效果如图 78-3 所示。

图 78-2

图 78-3

③ 将图形拖入"符号"面板，创建静态符号，如图 78-4 所示。

④ 绘制一个半圆，执行"效果" > 3D > "绕转"命令，单击贴图，在"符号"中选择刚才创建的图形符号，单击"缩放以适合"按钮，最后选中"三维模型不可见"复选框，如图 78-5 所示。

⑤ 执行"对象" > "栅格化"命令，单击"图像描摹"按钮，再单击"扩展"，最终效果如图 78-6 所示。

图 78-4

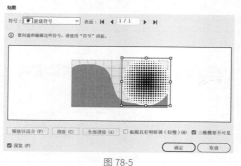

图 78-5

图 78-6

079

制作波纹效果

在设计中，常需要制作波纹效果，如画面中图案的倒影，如图 79-1 所示。

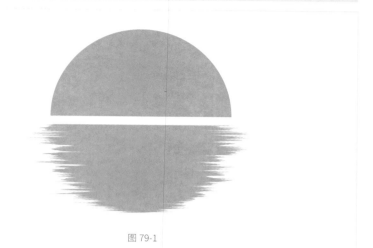

图 79-1

1. 技巧解析

使用"褶皱工具"，做出波纹效果。

2. 实战：制作波纹效果

实例位置：实例文件 >CH08> 制作波纹效果 .ai

教学视频

制作步骤

①　打开 Illustrator 软件，单击"新建"按钮，打开"新建文档"对话框。设置画布尺寸，单击"创建"按钮，新建一个文档。用"椭圆工具"，按住 Shift 键，绘制一个圆形，如图 79-2 所示。

②　用"直线段工具"在圆形中绘制一条直线，全选直线与圆形，在"路径查找器"面板中选择"分割"，全选图案，单击鼠标右键，选择"取消编组"命令，将下面的半圆向下移动几个像素，如图 79-3 所示。

③　选择"褶皱工具"，在"褶皱工具选项"对话框中，调整相应数值，如图 79-4 所示。

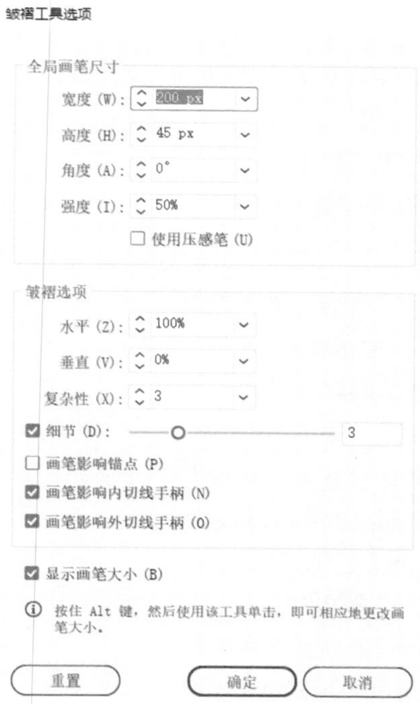

④　用"褶皱工具"单击下面的半圆并适当调整，最终效果如图 79-5 所示。

图 79-2

图 79-3

图 79-5

皱褶工具选项

全局画笔尺寸

宽度 (W)：200 px

高度 (H)：45 px

角度 (A)：0°

强度 (I)：50%

☐ 使用压感笔 (U)

皱褶选项

水平 (Z)：100%

垂直 (V)：0%

复杂性 (X)：3

☑ 细节 (D)：————●——————— 3

☐ 画笔影响锚点 (P)

☑ 画笔影响内切线手柄 (N)

☑ 画笔影响外切线手柄 (O)

☑ 显示画笔大小 (B)

ⓘ 按住 Alt 键，然后使用该工具单击，即可相应地更改画笔大小。

(重置)　　(确定)　(取消)

图 79-4

080

制作唯美粒子效果

在设计中，可以制作唯美粒子效果作为背景，增加画面的层次感，如图80-1所示。

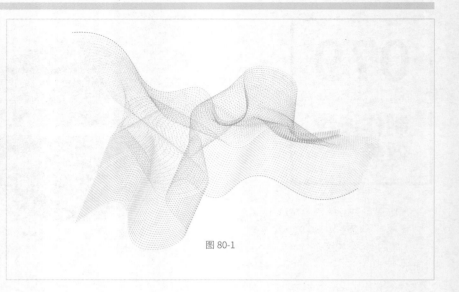

图 80-1

1. 技巧解析

使用"混合工具"，制作唯美粒子效果。

2. 实战：制作唯美粒子效果

实例位置：实例文件 >CH08> 制作唯美粒子效果 .ai

教学视频

制作步骤

1 打 开 Illustrator 软件，单击"新建"按钮，打开"新建文档"对话框。设置画布尺寸，单击"创建"按钮，新建一个文档。在画板中,绘制几条曲线,如图80-2所示。

2 全选曲线，执行"对象">"扩展外观"命令，将其修改为渐变色，如图80-3所示。

3 在"外观"面板中改变描边的数值，将端点改为圆头，间隔改为 5，如图80-4所示。

4 全选曲线，并按组合键 Ctrl+Alt+B 混合线条，调整线条的位置，最终效果如图80-5所示。

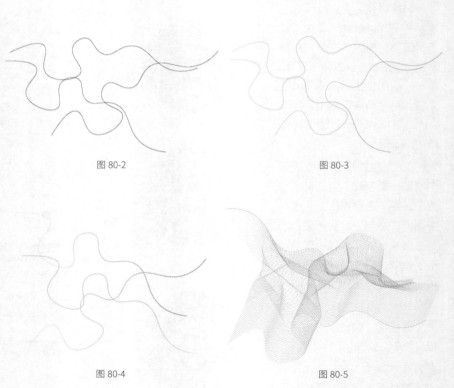

图 80-2

图 80-3

图 80-4

图 80-5

CHAPTER

9

升级版式
小妙招

081

快速制作页眉页脚

在版式设计中，我们可以快速制作页眉页脚，并应用到全部文本中，如图 81-1 所示。

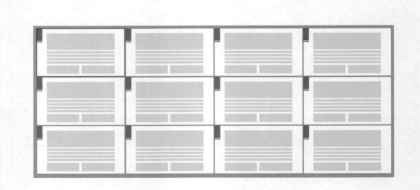

图 81-1

1. 技巧解析

按组合键 Ctrl+Alt+Shift+V，快速将页眉页脚粘贴到每一个画板上。

2. 实战：快速制作页眉页脚

实例位置：实例文件 >CH09> 快速制作页眉页脚 .ai

教学视频

制作步骤

①　打开 Illustrator 软件，单击"新建"按钮，打开"新建文档"对话框。设置画布尺寸，单击"创建"按钮，新建一个文档。在画板中，绘制页眉图形，如图 81-2 所示。

图 81-2

②　按组合键 Ctrl+X 剪切图案，然后按组合键 Ctrl+Alt+Shift+V，将图案快速粘贴到每一个画板上，如图 81-3 所示。

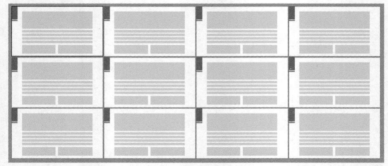

图 81-3

082

用AI实现自动页码

在版式设计中,可以用 AI 对页面进行自动编码,如图 82-1 所示。

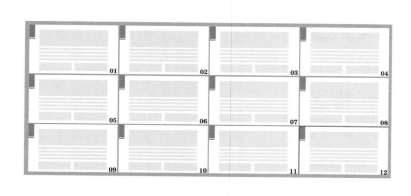

图 82-1

1. 技巧解析

先输入所有页码,然后将其转为区域文字缩放到指定位置,并粘贴到每一个画板上,最后执行"文字">"串联文本">"建立"命令。

2. 实战:用 AI 实现自动页码

实例位置:实例文件 >CH09> 用 AI 实现自动页码 .ai

教学视频

制作步骤

① 打开 Illustrator 软件,单击"新建"按钮,打开"新建文档"对话框。设置画布尺寸,单击"创建"按钮,新建一个文档。在第一个画板上输入所有的页码,如图 82-2 所示。

② 单击文本右侧的小圆点,将文字转为区域文字,拖曳文本框,将其大小调整为当前页面的页码大小,并拖曳至适当位置,如图 82-3 所示。

010203040506070809101112

图 82-2

图 82-3

③ 按组合键 Ctrl+X 剪切页码,再按组合键 Ctrl+Alt+Shift+V,将页码快速粘贴到每一个画板上,如图 82-4 所示。

④ 全选所有的页码,执行"文字">"串联文本">"建立"命令,最终效果如图 82-5 所示。

图 82-4

图 82-5

083

统一排版图片颜色

在版式设计中,可以统一设置版式中图片的颜色,如图 83-1 所示。

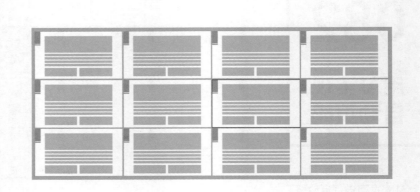

图 83-1

1. 技巧解析

选择想要改变的图片,执行"编辑">"编辑颜色">"转换为灰度"命令,并从色板中找到合适的颜色。

2. 实战:统一排版图片颜色

实例位置: 实例文件 >CH09> 统一排版图片颜色 .ai

教学视频

制作步骤

① 打开 Illustrator 软件,单击"新建"按钮,打开"新建文档"对话框。设置画布尺寸,单击"创建"按钮,新建一个文档。选择所有想要改变颜色的图片,如图 83-2 所示。

② 执行"编辑">"编辑颜色">"转换为灰度"命令,并从色板中找到合适的颜色,如图 83-3 所示。

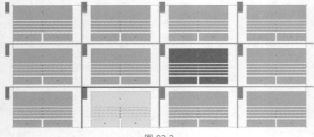

图 83-2

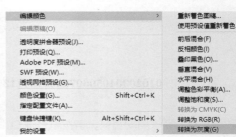

图 83-3

③ 最终效果,如图 83-4 所示。

图 83-4

084

巧用字形对齐功能

在设计中，巧用字形对齐功能可以实现一些不错的设计效果，如图 84-1 所示。

图 84-1

1. 技巧解析

在"对齐"面板中，改变文字的对齐样式。

2. 实战：巧用字形对齐功能

实例位置：实例文件 >CH09> 巧用字形对齐功能 .ai

教学视频

制作步骤

①打开 Illustrator 软件，单击"新建"按钮，打开"新建文档"对话框。设置画布尺寸，单击"创建"按钮，新建一个文档。在画板中，设计两组文字，如图 84-2 所示。

图 84-2

②选择两组文字，再单击其中一组文字，在"对齐"面板中改变文字的对齐样式，如图 84-3 所示。

③最终效果，如图 84-4 所示。

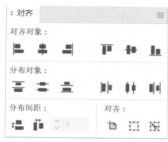

图 84-3

图 84-4

085

巧用水印丰富版式

在设计中，可以巧用水印制作背景图案以丰富版面，如图 85-1 所示。

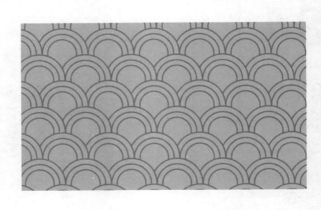

图 85-1

1. 技巧解析

绘制一个图案拖到色板中，在色板中双击图案改变拼贴类型。

2. 实战：巧用水印丰富版式

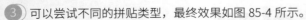
实例位置：实例文件 >CH09> 巧用水印丰富版式 .ai

教学视频

制作步骤

① 打开 Illustrator 软件，单击"新建"按钮，打开"新建文档"对话框。设置画布尺寸，单击"创建"按钮，新建一个文档。在画板中，绘制一个同心圆图案，如图 85-2 所示。

② 将图案拖曳至"色板"面板，双击图案，在"图案选项"面板改变"拼贴类型"，如图 85-3 所示。

图 85-2

③ 可以尝试不同的拼贴类型，最终效果如图 85-4 所示。

图 85-3

图 85-4

086

用一张图片设计画册

在设计中，可以用一张图片设计出精彩的画册，如图 86-1 所示。

图 86-1

1. 技巧解析

将一张图片分为不同的主体进行排版。

2. 实战：用一张图片设计画册

实例位置：实例文件 >CH09> 用一张图片设计画册 .ai

教学视频

制作步骤

① 打开 Illustrator 软件，单击"新建"按钮，打开"新建文档"对话框。设置画布尺寸，单击"创建"按钮，新建一个文档。在画板中，导入一张图片，如图 86-2 所示。

图 86-2

② 将图片拆分为不同的主体，然后再进行排版，如图 86-3 所示。

③ 用从图片中提取的颜色做一些修饰，效果如图 86-4 所示。

图 86-3

图 86-4

087

用抠图制作富有冲击力的版面

在设计中，用抠图也可以制作富有冲击力的版面效果，如图 87-1 所示。

图 87-1

1. 技巧解析

将图片的主体抠出上半部分，复制原图片进行剪切，突出主体。

2. 实战：用抠图制作富有冲击力的排版

实例位置：实例文件 >CH09> 用抠图制作富有冲击力的排版 .ai

教学视频

制作步骤

① 打开 Illustrator 软件，单击"新建"按钮，打开"新建文档"对话框。设置画布尺寸，单击"创建"按钮，新建一个文档。在画板中，导入一张图片，如图 87-2 所示。

② 将图片主体进行抠图，如图 87-3 所示。

③ 复制原图，并剪裁，让刚才的抠图产生破形的效果，如图 87-4 所示。

④ 添加背景，最终效果如图 87-5 所示。

图 87-2

图 87-3

图 87-4

图 87-5

088

用缩放制作漂亮的版式

在设计中，通过将图片中的主体缩放，也可以制作出漂亮的版式，如图 88-1 所示。

图 88-1

1. 技巧解析

将主体缩放，并将原图透明度降低，置于主体后。

2. 实战：用缩放制作漂亮的版式

实例位置：实例文件 >CH09> 用缩放制作漂亮的版式 .ai

教学视频

制作步骤

① 打开 Illustrator 软件，单击"新建"按钮，打开"新建文档"对话框。设置画布尺寸，单击"创建"按钮，新建一个文档。在画板中，导入一张图片，如图 88-2 所示。

② 将图片复制，并缩小，将原图的透明度降低，如图 88-3 所示。

③ 加上渐变背景和文字，进行细化，效果如图 88-4 所示。

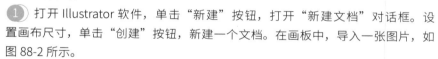

图 88-2

图 88-3

图 88-4

089

用素材颜色制作漂亮的版式

在设计中，用素材本身的颜色也可以制作漂亮的版式，如图 89-1 所示。

图 89-1

1. 技巧解析

将背景建立网格，并吸取素材上的颜色。

2. 实战：用素材颜色制作漂亮的版式

实例位置：实例文件 >CH09> 用素材颜色制作漂亮的版式 .ai

教学视频

制作步骤

① 打开 Illustrator 软件，单击"新建"按钮，打开"新建文档"对话框。设置画布尺寸，单击"创建"按钮，新建一个文档，导入图片，如图 89-2 所示。

② 将两张图片剪裁并拼贴到一起，如图 89-3 所示。

图 89-2

图 89-3

③ 为背景建立网格，并吸取素材上的颜色，如图 89-4 所示。

④ 最终效果，如图 89-5 所示。

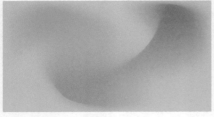

图 89-4

图 89-5

090

用背景制作漂亮的版式

在设计中, 用纯色背景也可以制作漂亮的版式, 如图 90-1 所示。

图 90-1

1. 技巧解析

将背景分割成不同的多边形, 执行"对象">"变换">"分别变换"命令。

2. 实战: 用背景制作漂亮的版式

实例位置: 实例文件 >CH09> 用背景制作漂亮的版式 .ai

教学视频

制作步骤

① 打开 Illustrator 软件, 单击"新建"按钮, 打开"新建文档"对话框。设置画布尺寸, 单击"创建"按钮, 新建一个文档。用"矩形工具"绘制一个蓝色的长方形, 如图 90-2 所示。

② 绘制几条线段, 然后选中线段和长方形, 在"路径查找器"面板中, 选择"分割", 如图 90-3 所示。

③ 将分割后的矩形取消编组, 执行"对象">"变换">"分别变换"命令, 在"分别变换"对话框中调整相应的参数, 如图 90-4 所示。

④ 最后加上文字和边框, 效果如图 90-5 所示。

图 90-2

图 90-3

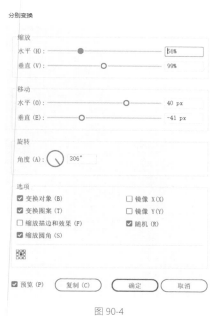

图 90-4

图 90-5

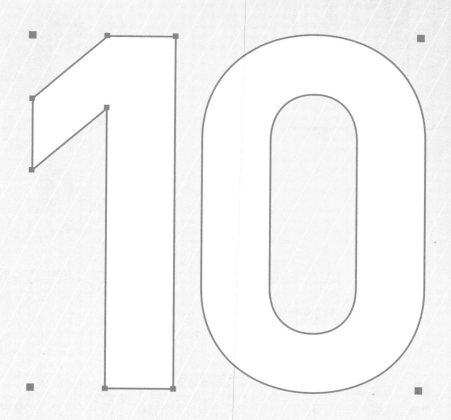

CHAPTER

10

海报设计
技巧

091

制作矛盾空间效果

在设计中,可以制作矛盾空间效果来丰富画面,如图 91-1 所示。

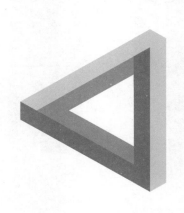

图 91-1

1. 技巧解析

绘制偶数倍的直线,分别复制并旋转 60°,共 3 次,再用"实时上色工具"填色。

2. 实战:制作矛盾空间效果

实例位置:实例文件 >CH10> 制作矛盾空间效果 .ai

教学视频

制作步骤

1 打开 Illustrator 软件,单击"新建"按钮,打开"新建文档"对话框。设置画布尺寸,单击"创建"按钮,新建一个文档,绘制偶数倍的直线,如图 91-2 所示。

2 将直线复制并旋转 60°,共旋转 3 次,如图 91-3 所示。

3 全选直线,建立网格,用实时上色工具填色,如图 91-4 所示。

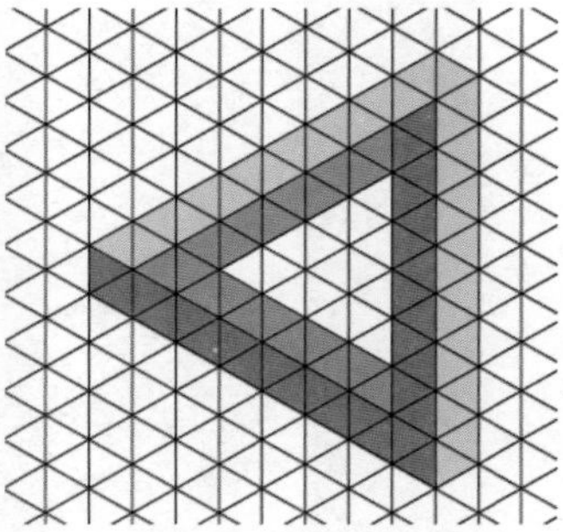

4 全选图案,执行"对象">"扩展"命令,并取消编组两次,就可以得到矛盾空间效果,如图 91-5 所示。

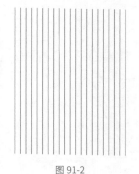

图 91-2

图 91-3

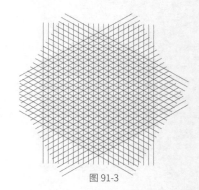

图 91-4

图 91-5

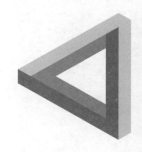

092

制作分割数字效果

在设计中,可以制作数字分割效果,使画面整体更新颖、有高级感,如图 92-1 所示。

图 92-1

1. 技巧解析

绘制 5 个矩形,在"路径查找器"面板中选择"分割"。

2. 实战:制作分割数字效果

实例位置:实例文件 >CH10> 制作分割数字效果 .ai

教学视频

制作步骤

1 打 开 Illustrator 软件,单击"新建"按钮,打开"新建文档"对话框。设置画布尺寸,单击"创建"按钮,新建一个文档。输入一个数字 8,如图 92-2 所示。

2 绘制 5 个竖向的矩形,将数字完全覆盖,如图 92-3 所示。

3 全选图案,在"路径查找器"面板中,选择"分割",如图 92-4 所示。

4 将分割后的数字调整上下位置和间隔,最终效果如图 92-5 所示。

图 92-2

图 92-3

图 92-4

图 92-5

093

制作指纹效果

在设计手机认证界面时，常需要制作指纹效果，如图 93-1 所示。

图 93-1

1. 技巧解析

绘制同心圆，进行分割重组。

2. 实战：制作指纹效果

实例位置：实例文件 >CH10> 制作指纹效果 .ai

教学视频

制作步骤

① 打开 Illustrator 软件，单击"新建"按钮，打开"新建文档"对话框。设置画布尺寸，单击"创建"按钮，新建一个文档。绘制一个 1000px×1000px 的圆形，如图 93-2 所示。

② 再次绘制一个 100px×100px 的圆形，使其位于上一个圆形的上方，双击"混合工具"，将"指定的步数"改为 8，混合两个圆形，然后进行扩展，如图 93-3 所示。

③ 将中间 5 个圆形复制一份并减去下半部分，再将大圆保留 1/4，然后将两个图形进行重组，如图 93-4 所示。

④ 绘制一个 500px×500px 的圆与半圆重合，用"形状生成工具"减去多余的部分，再用橡皮擦擦出空隙，最终效果如图 93-5 所示。

图 93-2

图 93-3

图 93-4

图 93-5

094

制作立体图案

在设计中，可以制作立体图案作为背景，以增加画面的立体感，如图 94-1 所示。

图 94-1

1. 技巧解析

先绘制图案，然后执行"效果"> 3D >"凸出和斜角"命令。

2. 实战：制作立体图案

实例位置：实例文件 >CH10> 制作立体图案 .ai

制作步骤

① 打开 Illustrator 软件，单击"新建"按钮，打开"新建文档"对话框。设置画布尺寸，单击"创建"按钮，新建一个文档。用"矩形工具"绘制一个蓝色的正方形，如图 94-2 所示。

② 再在原位复制一个正方形并缩小，然后全选图形，在"路径查找器"面板中选择"减去顶层"，效果如图 94-3 所示。

图 94-2

图 94-3

③ 选择图案，并执行"效果"> 3D >"凸出和斜角"命令，在"3D 凸出和斜角选项"对话框将"位置"改为"等角 - 上方"，调整"凸出厚度"，以制作出正方体效果，单击"确定"按钮，如图 94-4 所示。

④ 选择正方体，执行"对象">"扩展外观"命令，选择正方体，新建图案，将"拼贴类型"改为"十六进制"，最终效果如图 94-5 所示。

3D 凸出和斜角选项

位置 (N)：等角 - 上方

45°
35°
-30°

透视 (R)：0°

凸出与斜角

凸出厚度 (D)：261 pt　端点：

斜角：无　　　高度 (H)：4 pt

表面 (S)：塑料效果底纹

☑ 预览 (P)　贴图 (M)...　更多选项 (O)　确定　取消

图 94-4

图 94-5

095

制作冰块字体

在设计中,可以制作冰块字体,使画面呈现清爽、简洁的效果,如图 95-1 所示。

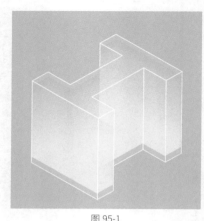

图 95-1

1. 技巧解析

先绘制图案,然后执行"效果">3D>"凸出和斜角"命令,扩展外观并调整描边大小,再复制出上下两个表面,最后将表面混合。

2. 实战:制作冰块字体

实例位置:实例文件 >CH10> 制作冰块字体 .ai

教学视频

制作步骤

1️⃣ 打开 Illustrator 软件,单击"新建"按钮,打开"新建文档"对话框。设置画布尺寸,单击"创建"按钮,新建一个文档。在画板中,输入一个字母,如图 95-2 所示。

2️⃣ 执行"效果"> 3D >"凸出和斜角"命令,将"位置"调整为"等角 - 上方和宽度",然后执行"对象">"扩展外观"命令,并设置不透明度为 15%,如图 95-3 所示。

3️⃣ 原位复制一次,并设置为只有描边,再复制上下两个表面,下面设置为白色,上面设置为较深的背景色,如图 95-4 所示。

4️⃣ 双击"混合工具",设置"指定的步数"为 200,再将两个表面混合,最终效果如图 95-5 所示。

图 95-2

图 95-3

图 95-4

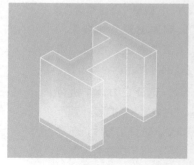

图 95-5

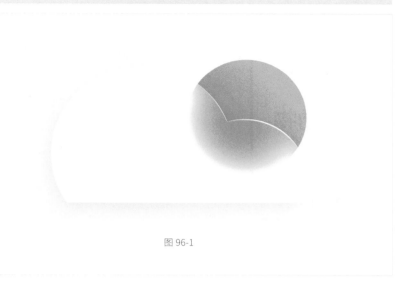

096

制作磨砂质感图标

在设计中，可以制作磨砂质感的图标，使画面显得更加朦胧、温和，如图 96-1 所示。

图 96-1

1. 技巧解析

按组合键 Ctrl+C 复制后面的图案，单击前面的图案，选择"内部绘图"模式，再按组合键 Ctrl+Shift+V 粘贴。

2. 实战：制作磨砂质感图标

实例位置：实例文件 >CH10> 制作磨砂质感图标 .ai

教学视频

制作步骤

① 打开 Illustrator 软件，单击"新建"按钮，打开"新建文档"对话框。设置画布尺寸，单击"创建"按钮，新建一个文档。绘制云朵和太阳图案，如图 96-2 所示。

② 将云朵进行联集，然后选择太阳，按组合键 Ctrl+C 复制，单击云朵，选择"内部绘图"模式，再按快捷键 Ctrl+Shift+V 粘贴，如图 96-3 所示。

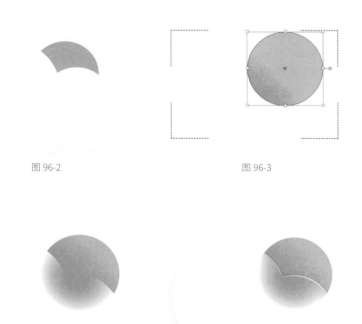

图 96-2

图 96-3

③ 选择太阳，执行"效果">"风格化">"羽化"命令，调整羽化的大小，效果如图 96-4 所示。

④ 然后选择云朵，执行"效果">"风格化">"投影"命令，给云朵加上投影，然后加上高光，最终效果如图 96-5 所示。

图 96-4

图 96-5

097

制作动物图标

在设计中,特别是制作节假日海报、儿童产品包装时,常会遇到需要制作动物图标的情况,如图 97-1 所示。

图 97-1

1. 技巧解析

先用"钢笔工具"绘制动物轮廓,然后简化线条,加上辅助装饰。

2. 实战:制作动物图标

实例位置:实例文件 >CH10> 制作动物图标 .ai

教学视频

制作步骤

① 打开 Illustrator 软件,单击"新建"按钮,打开"新建文档"对话框。设置画布尺寸,单击"创建"按钮,新建一个文档。在画板中,绘制出动物的轮廓,如图 97-2 所示。

② 修改动物的轮廓,将多余的线条删去,使线条更加平滑,如图 97-3 所示。

③ 加上辅助装饰,如图 97-4 所示。

④ 加上花边,最终效果如图 97-5 所示。

图 97-2

图 97-3

图 97-4

图 97-5

098

制作油漆彩带效果

在设计中，制作油漆彩带效果，可以增加画面流畅感，丰富色彩，如图 98-1 所示。

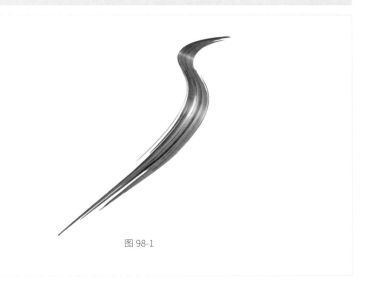

图 98-1

1. 技巧解析

先找到油漆素材进行高保真描摹，拖入"符号"面板中，再绘制一条路径，执行"效果"> 3D >"凸出和斜角"命令，最后替换贴图。

2. 实战：制作油漆彩带效果

实例位置：实例文件 >CH10> 制作油漆彩带效果 .ai

教学视频

制作步骤

① 打开 Illustrator 软件，单击"新建"按钮，打开"新建文档"对话框。设置画布尺寸，单击"创建"按钮，新建一个文档，对素材进行高保真描摹，如图 98-2所示。

图 98-2

图 98-3

② 扩展素材外观，然后拖入"符号"面板，创建静态符号，如图 98-3 所示。

③ 绘制一条路径，并执行"效果"> 3D >"凸出和斜角"命令，设置参数如图 98-4 所示。

④ 将表面贴图替换成新建的符号，然后选中"贴图具有明暗调"和"三维模型不可见"复选框，最终效果如图 98-5 所示。

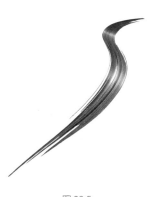

图 98-5

图 98-4

099

制作立体字效果

在设计中，我们有时会将字体设置成立体效果，以增加画面整体的立体感，如图 99-1 所示。

图 99-1

1. 技巧解析

绘制一条曲线，选择"路径文字工具"输入一段文字，按 E 键调节透视关系，复制一次移动到下方，用"钢笔工具"绘制出立体的效果，再填充颜色。

2. 实战：制作立体字效果

实例位置：实例文件 >CH10> 制作立体字效果 .ai

教学视频

制作步骤

① 打开 Illustrator 软件，单击"新建"按钮，打开"新建文档"对话框。设置画布尺寸，单击"创建"按钮，新建一个文档。在画板中，绘制出一条曲线路径，如图 99-2 所示。

② 选择"路径文字工具"，单击曲线，输入文字，如图 99-3 所示。

图 99-2

图 99-3

③ 单击鼠标右键，选择"创建轮廓"命令，按 E 键调整文字的透视度，将文字复制并移动到下方，如图 99-4 所示。

④ 用"钢笔工具"将端点连接，绘制出立体效果，然后改变颜色，完善细节，最终效果如图 99-5 所示。

图 99-4

图 99-5

100

制作剪纸
风格图案

在设计中，可以通过制作剪纸风格的图案，来增强画面的立体感，如图 100-1 所示。

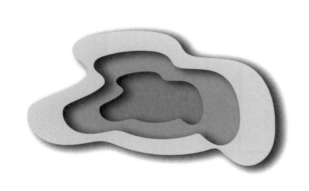

图 100-1

1. 技巧解析

随意绘制一圈曲线，再原位复制粘贴并缩放，选择上两层，选择"减去底部"并复制，最后通过"效果">"风格化">"投影"命令制作投影。

2. 实战：制作剪纸风格图案

实例位置：实例文件 >CH10> 制作剪纸风格图案 .ai

教学视频

制作步骤

①打开 Illustrator 软件，单击"新建"按钮，打开"新建文档"对话框。设置画布尺寸，单击"创建"按钮，新建一个文档。在画板中，绘制出一条曲线，如图 100-2 所示。

②选中曲线，原位复制并缩放几份，如图 100-3 所示。

图 100-2

图 100-3

③给每一圈曲线添加颜色，依次选择上两层，依次减去底部并复制，如图 100-4 所示。

④全选图层，执行"效果">"风格化">"投影"命令，最终效果如图 100-5 所示。

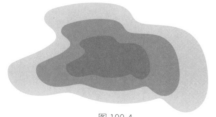

图 100-4

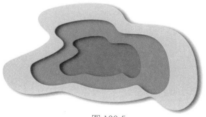

图 100-5

101

制作炫彩半球海报

在书籍或电影海报设计中，我们常常会看到炫彩半球海报效果，这种设计可以增加画面的故事感和神秘感，如图 101-1 所示。

图 101-1

1. 技巧解析

绘制圆形，添加渐变效果，再添加"彩色半调"命令，调节半调大小，将调好的效果添加至"符号"面板，绘制圆形，删除一半，添加"3D 缠绕"命令，添加贴图，将之前制作的符号调整大小、位置，再添加背景，调整颜色。

2. 实战：制作炫彩半球海报

实例位置：实例文件 >CH10> 制作炫彩半球海报 .ai

教学视频

制作步骤

① 打开 Illustrator 软件，单击"新建"按钮，打开"新建文档"对话框。设置画布尺寸，单击"创建"按钮，新建一个文档。使用"椭圆工具"，按住 Shift 键绘制一个圆形，如图 101-2 所示。

② 将圆形填充为渐变，关闭描边，渐变类型选择"径向渐变"，并设置为"反向"渐变，效果如图 101-3 和图 101-4 所示。

③ 执行"效果">"彩色半调"命令，将"最大半径"更改为 32，如图 101-5 所示。

④ 将图案拖入"符号"面板，转换为符号，如图 101-6 所示。

图 101-2

图 101-3

图 101-4

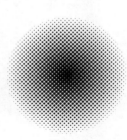

图 101-5

图 101-6

⑤ 再创建一个新的圆形，删掉半边，如图 101-7 所示。

⑥ 执行"效果"> 3D >"绕转"命令，如图 101-8 所示。

图 101-7　　　　　　　　　　　　　　　　图 101-8

⑦ 再执行"3D 绕转">"贴图"命令，选择之前新建的符号，如图 101-9 所示；制作出的球体效果，如图 101-10 所示。

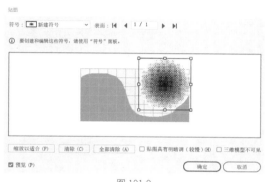

图 101-9

图 101-10

⑧ 执行"图层">"对象">"扩展外观"命令，再使用"栅格化"命令，效果如图 101-11 所示。

⑨ 使用图像描摹命令，再单击扩展，取消编组，这样就可以将白色提取出来删除，效果如图 101-12 所示。

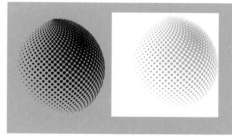

图 101-11　　　　　　　　　　　　　　　图 101-12

⑩ 为图形添加渐变颜色和背景，如图 101-13 所示。

图 101-13

添加字体，海报最终效果如图 101-14 所示。

图 101-14

102

制作漩涡
风格海报

在海报设计中,常会看到漩涡海报效果,它可以增强画面的立体感,如图 102-1 所示。

图 102-1

1. 技巧解析

绘制直线,执行"扭曲和变换效果">"变换"命令,再使用"粗糙化""旋转""褶皱"命令,调节图形的大小、位置,添加背景,调整颜色。

2. 实战:制作漩涡风格海报

实例位置:实例文件 >CH10> 制作漩涡风格海报 .ai

教学视频

制作步骤

① 打开 Illustrator 软件,单击"新建"按钮,打开"新建文档"对话框。设置画布尺寸,单击"创建"按钮,新建一个文档。在画板中,绘制矩形,如图 102-2 所示。

② 绘制一条直线,执行"效果">"扭曲和变换">"变换"命令,在"变换效果"对话框中,设置角度为 2,副本为 180,如图 102-3 所示。

③ 再绘制圆环,执行"效果">"扭曲和变换">"粗糙化"命令,如图 102-4 所示。

图 102-2

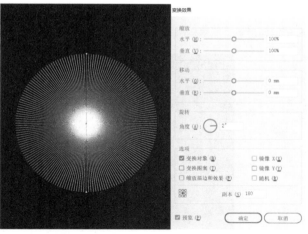

图 102-3

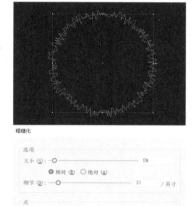

图 102-4

④ 将圆环与直线对齐中心点，效果如图 102-5 所示。

⑤ 全选图片，执行"对象">"扩展外观"命令，效果如图 102-6 所示。

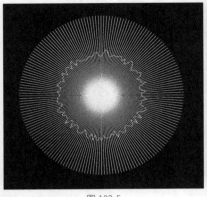

图 102-5

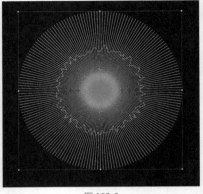

图 102-6

⑥ 按键盘 Alt 键，使用形状生成工具，将中心删掉，如图 102-7 所示。

⑦ 选择"旋转扭曲"工具，单击鼠标左键，效果如图 102-8 所示。

图 102-7

图 102-8

⑧ 再选择"褶皱"工具，单击鼠标左键，效果如图 102-9 所示。

⑨ 创建圆形，添加渐变，使图形对齐中心点，将渐变图形变成形状的蒙版，如图 102-10 所示。

⑩ 复制两层，调整大小，旋转并调整位置，添加文字，海报最终效果如图 102-11 所示。

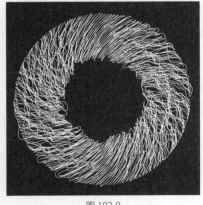

图 102-9

图 102-10

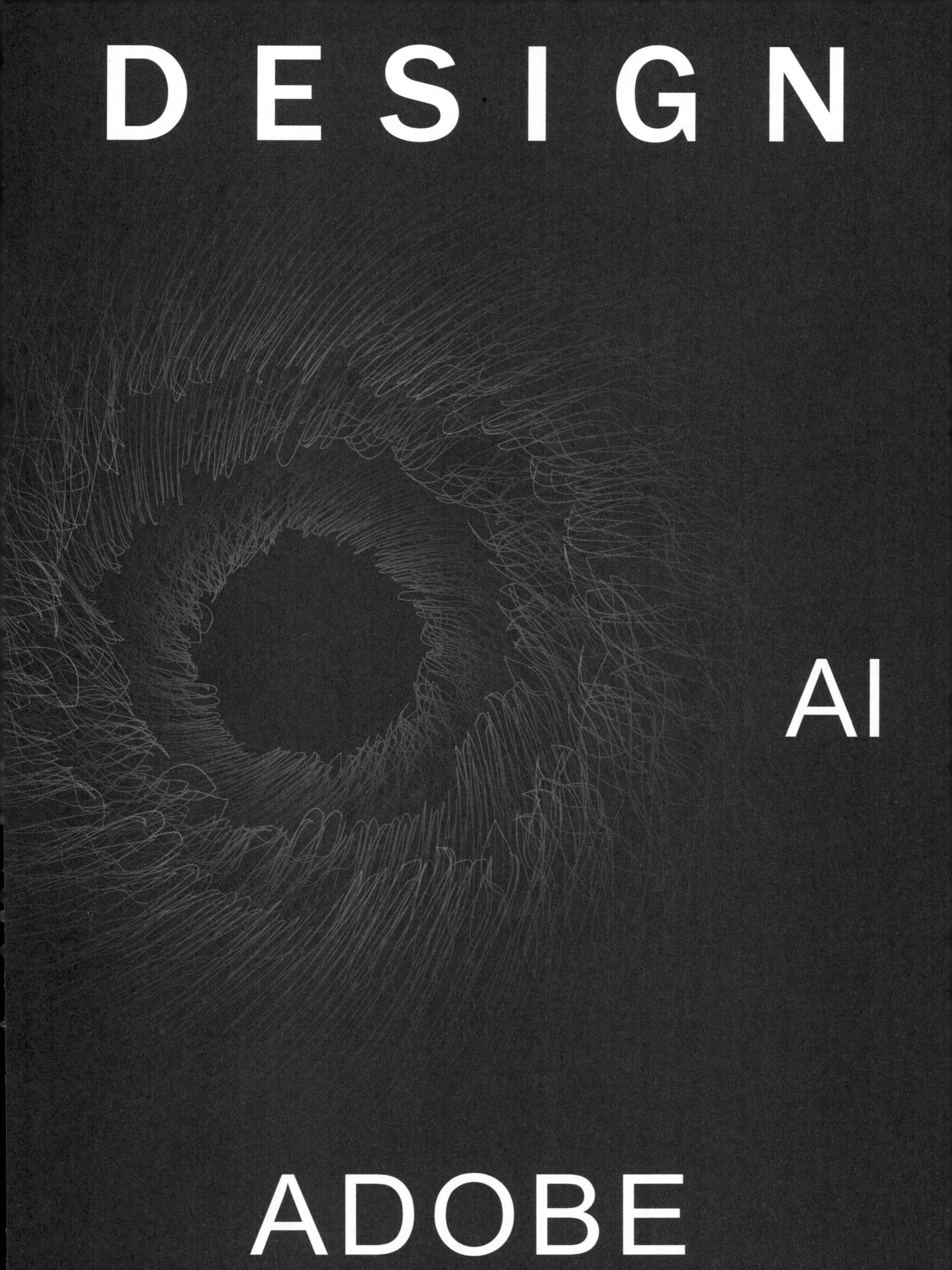

DESIGN

AI

ADOBE

图 102-11

103

制作阶梯文字海报

在海报设计中，我们可以把文字设计成阶梯效果，丰富文字的样式，增加立体感，如图 103-1 所示。

图 103-1

1. 技巧解析

创建字体，分割为网格，通过"旋转"命令更改位置，并添加颜色。

2. 实战：制作阶梯文字海报

实例位置：实例文件 >CH10> 制作阶梯文字海报 .ai

教学视频

制作步骤

① 打开 Illustrator 软件，单击"新建"按钮，打开"新建文档"对话框。设置画布尺寸，单击"创建"按钮，新建一个文档。创建文字，单击鼠标右键，选择"创建轮廓"命令，如图 103-2 所示。

② 使用"矩形工具"绘制一个矩形，将文字完全包裹，顶边和底边要求和字体完全重合，长度需要大于文字的长度，如图 103-3 所示。

图 103-2   图 103-3

③ 选择矩形，执行"对象">"路径">"分割为网格"命令，如图 103-4 所示。

④ 在"分割为网格"对话框中，设置参数，如图 103-5 所示。

⑤ 分割完的效果，如图 103-6 所示。

图 103-4

图 103-5   图 103-6

⑥ 全选图层，使用"形状生成器工具"将不需要的部分剪掉，再取消编组，如图 103-7 所示。

⑦ 依次选择分层，打组，如图 103-8 所示。

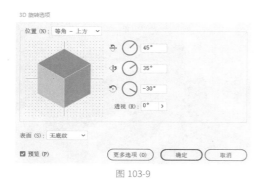

图 103-7

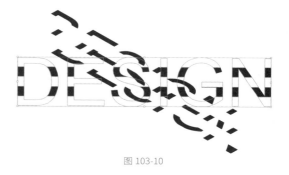

图 103-8

⑧ 再依次选择 1、3、5 层，执行"效果">3D>"旋转"命令，在"3D 旋转选项"对话框中，将"位置"更改为"等角 - 上方"，如图 103-9 所示；制作的图片效果，如图 101-10 所示。

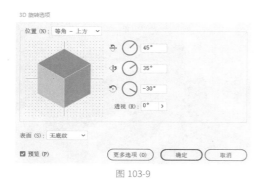

图 103-9

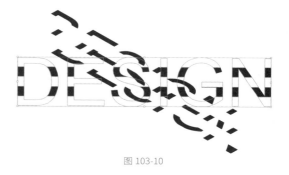

图 103-10

⑨ 再选择 2、4 层，执行"效果">3D>"旋转"命令，将"位置"更改为"等角 - 左方"，再将"表面"更改为"扩散底纹"，如图 103-11 所示；制作的图片效果，如图 103-12 所示。

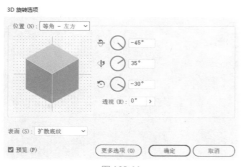

图 103-11

图 103-12

⑩ 全选图层，执行"对象">"扩展外观"命令，调整位置，如图 103-13 所示。

⑪ 选择所有图层，取消编组，释放剪切蒙版，添加颜色，调整位置，海报最终效果如图 103-14 所示。

图 103-13

2022

图 103-14

104

制作剪纸风格海报

在海报设计中，可采用剪纸风格文字效果，使文字像立于图案表面，如图 104-1 所示。

图 104-1

1. 技巧解析

创建字体，复制并调整文字位置，修改文字颜色，制作模糊效果。

2. 实战：制作剪纸风格海报

实例位置：实例文件 >CH10> 制作剪纸风格海报 .ai

教学视频

制作步骤

①打开 Illustrator 软件，单击"新建"按钮，打开"新建文档"对话框。设置画布尺寸，单击"创建"按钮，新建一个文档。用"矩形工具"绘制一个矩形，如图 104-2 所示。

②用"文字工具"创建文字，如图 104-3 所示。

图 104-2

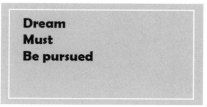

图 104-3

③将每层文字单独组成一个组，复制这个组，更改颜色为白色，如图 104-4 所示。

④使用"自由变换工具"分别将原图层调整位置，更改颜色，调低不透明度，添加模糊效果，如图 104-5 所示。

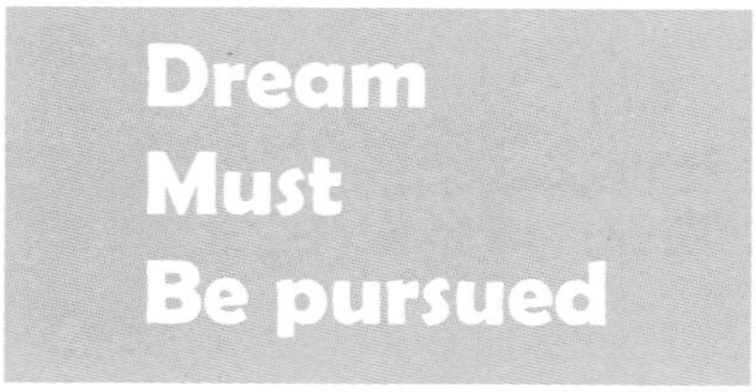

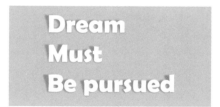

图 104-4

图 104-5

⑤ 添加文字，海报最终效果如图 104-6 所示。

图 104-6

105

制作旋转风格海报

在海报设计中，常常会看到旋转风格的海报，这种效果可以使画面更有层次感，如图 105-1 所示。

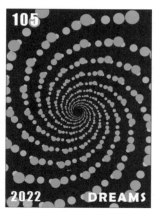

图 105-1

1. 技巧解析

创建圆形，使用"混合"命令，再使用"扭曲和变换"命令。

2. 实战：制作旋转风格海报

实例位置：实例文件 >CH10> 制作旋转风格海报 .ai

教学视频

制作步骤

1️⃣ 打开 Illustrator 软件，单击"新建"按钮，打开"新建文档"对话框。设置画布尺寸，单击"创建"按钮，新建一个文档。使用"椭圆工具"，绘制一大一小两个圆形，如图 105-2 所示。

2️⃣ 选择两个圆形，双击"混合工具"，在"混合选项"对话框，将"间距"设为"指定的步数"，数值为 3，单击"确定"按钮，如图 105-3 所示。

3️⃣ 先选择大圆形，再选择小圆形，如图 105-4 所示。

4️⃣ 选择所有图形，执行"效果">"扭曲和变换">"变换"命令，在"变换效果"对话框，设置相应参数，如图 105-5 所示。

5️⃣ 调节旋转角度，更改图案的样式，如图 105-6 所示。

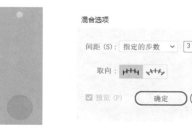

图 105-2　　　　　　　图 105-3　　　　　　　图 105-4

图 105-5

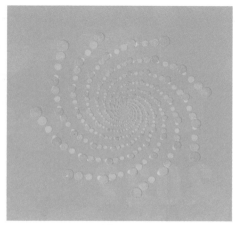

图 105-6

图 105-7

106

制作烟花风格海报

在海报设计中，特别是一些用于节日庆祝的海报中，常会出现烟花效果，使海报的风格更喜庆，如图 106-1 所示。

图 106-1

1. 技巧解析

创建直线，使用"变换"命令，再使用"膨胀"命令。

2. 实战：制作烟花风格海报

实例位置：实例文件 >CH10> 制作烟花风格海报 .ai

教学视频

制作步骤

① 打开 Illustrator 软件，单击"新建"按钮，打开"新建文档"对话框。设置画布尺寸，单击"创建"按钮，新建一个文档。使用"直线段工具"，绘制一条线，缩小描边宽度，如图 106-2 所示。

图 106-2

② 选择直线，执行"效果">"扭曲和变换">"变换"命令，在"变换效果"对话框中，设置相应参数，如图 106-3 所示；制作的图片效果，如图 106-4 所示。

图 106-3

图 106-4

③ 执行"对象">"扩展外观"命令，再使用"膨胀工具"，按住 Shift+Alt 键，调整图形范围大小，如图 106-5 所示。

图 106-5

④ 选择描边属性，更改箭头方式，如图 106-6 所示。

⑤ 使用"褶皱工具"调整大小，效果如图 106-7 所示。

图 106-6

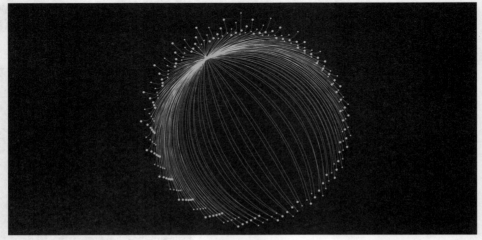

图 106-7

⑥ 更改图片的背景颜色，添加文字，海报最终效果如图 106-8 所示。

DESIGN

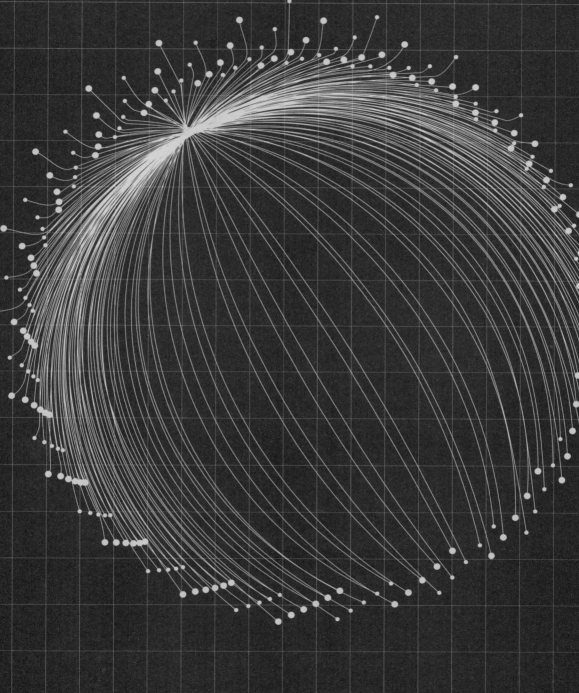

2022

图 106-8

107

制作 3D 切面海报

在海报设计中,可采用 3D 切面形式设计海报字体,它会使海报效果更有立体感,如图 107-1所示。

图 107-1

1. 技巧解析

创建直线,使用"变换"命令,再使用"膨胀"命令。

2. 实战:制作 3D 切面海报

实例位置: 实例文件 >CH10> 制作 3D 切面海报 .ai

教学视频

制作步骤

①　打开 Illustrator 软件,单击"新建"按钮,打开"新建文档"对话框。设置画布尺寸,单击"创建"按钮,新建一个文档。使用"矩形工具"绘制背景,如图 107-2 所示。

②　使用"矩形工具"绘制黑白条形,如图 107-3 所示。

③　选择图形,添加至"符号"面板,在"符号选项"对话框中,单击"确定"按钮,如图 107-4 所示。

图 107-2

图 107-3

图 107-4

④ 创建文字，创建轮廓并取消编组，如图 107-5 所示。

⑤ 调整文字的大小和位置，如图 107-6 所示。

图 107-5　　　　　　　　　　　　　　　图 107-6

⑥ 执行"效果"> 3D >"凸出和斜角"命令，设置"位置"为"等角 - 左方"，"凸出厚度"选择 70pt，如图 107-7 所示。

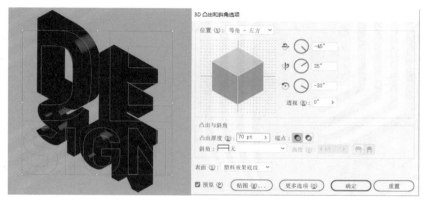

图 107-7

⑦ 选择贴图，选择需要贴图的表面，将"符号"选择为条形样式，单击"缩放以适合"按钮，单击"确定"按钮，如图 107-8 所示。

⑧ 调整位置，为字体添加阴影，添加点缀，海报效果如图 107-9 所示。

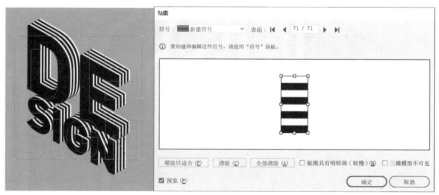

图 107-8

图 107-9

108

制作切面排列海报

在海报设计中，常会用到文字切面排列的效果，这样的排列方式使文字更加自然，画面也更加立体，如图 108-1 所示。

Dream
MUST BE
Pursued

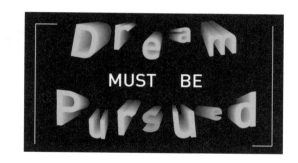

图 108-1

1. 技巧解析

创建字体，创建符号，使用“3D 效果”>“凹凸和斜角”功能，制作字体样式。

2. 实战：制作切面排列海报

实例位置：实例文件 >CH10> 制作切面排列海报 .ai

教学视频

制作步骤

1 打开 Illustrator 软件，单击“新建”按钮，打开“新建文档”对话框。设置画布尺寸，单击“创建”按钮，新建一个文档。在画板中，创建文字，如图 108-2 所示。

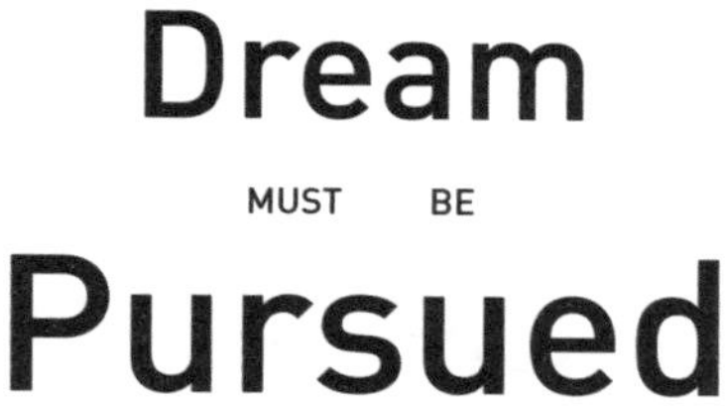
Dream
MUST BE
Pursued

图 108-2

2 编辑文字，使每个字母可被单独选择，然后调节文字的位置，如图 108-3 所示。

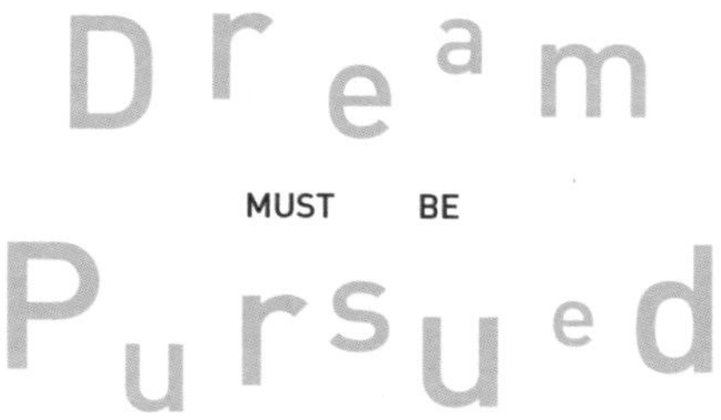
Dream
MUST BE
Pursued

图 108-3

③ 分别选择文字，执行"效果" > 3D > "凹凸和斜角"命令，调节位置，将"凸出厚度"更改为 0，再使用"混合"命令，如图 108-4 所示。

图 108-4

④ 创建黑色背景，将黑色字体更改为白色，海报最终效果如图 108-5 所示。

图 108-5